EUL VERLAG

Reihe: Quantitative Ökonomie · Band 165

Dr. Martin Meermeyer

Prognose von betriebswirtschaftlichen Zeitreihen auf Basis von Splineregressionsmodellen

Mit einem empirischen Anwendungsbeispiel aus der Warenwirtschaft

Mit einem Geleitwort von Univ.-Prof. Dr. Gerhard Arminger, Bergische Universität Wuppertal

EUL VERLAG

Bibliografische Information der Deutschen Nationalbibliothek

Die Deutsche Nationalbibliothek verzeichnet diese Publikation in der Deutschen Nationalbibliografie; detaillierte bibliografische Daten sind im Internet über <http://dnb.d-nb.de> abrufbar.

Dissertation, Bergische Universität Wuppertal, 2011, unter dem Titel: Prognose von betriebswirtschaftlichen Zeitreihen auf Basis von Splineregressionsmodellen

ISBN 978-3-8441-0036-5
1. Auflage Mai 2011

JOSEF EUL VERLAG GmbH
Brandsberg 6
53797 Lohmar
Tel.: 0 22 05 / 90 10 6-6
Fax: 0 22 05 / 90 10 6-88
E-Mail: info@eul-verlag.de
http://www.eul-verlag.de

Bei der Herstellung unserer Bücher möchten wir die Umwelt schonen. Dieses Buch ist daher auf säurefreiem, 100% chlorfrei gebleichtem, alterungsbeständigem Papier nach DIN 6738 gedruckt.

Geleitwort

Der Autor behandelt in dieser Arbeit das Problem der Prognose betriebswirtschaftlicher Zeitreihenmassendaten zur Nachschubplanung des filialisierten Einzelhandels. Hierfür wurden in den vergangenen 15 Jahren eine Reihe von Vorschlägen gemacht, die auch zum Teil in kommerzielle Software implementiert wurden. Die Vorschläge reichen von einfachen Mittelwertprognosen über exponentielle Glättungsverfahren, Regressionsmodelle und dynamisch-lineare Modelle bis hin zu neuronalen Feed-Forward-Netzen. Durch die systematische Einbeziehung nichtparametrischer, splinefunktionsbasierter Modellkomponenten wurden diese Vorschläge vom Verfasser um einen wichtigen Beitrag erweitert. Der Schwerpunkt der Betrachtung in der vorliegenden Arbeit liegt dabei auf der Prognose der Trend-Zyklus-Komponente und der Saisonkomponente. Im Rahmen der empirischen Analyse wurden aber auch die Effektisolierung von Marketing-Mix-Kovariablen und eine automatische Ausreißerbereinigung mit Hilfe nicht- bzw. semiparametrischer Verfahren umgesetzt.

Während im Querschnittsdatenbereich die Anwendung splinebasierter Verfahren im Rahmen generalisierter additiver Modelle heute Standard ist, beschränken sich Anwendungen im Zeitbereich zumeist auf die Anpassung von Zeitreihen. Dies erstaunt nicht, da die Prognose im Zeitbereich auf Basis splinebasierter Modelle besondere Probleme aufwirft, zu deren Behebung der Autor eine Reihe von Vorschlägen unterbreitet. Eine Schlüsselrolle nehmen hierbei Splinefunktionen mit Randbedingungen ein, die in der ökonometrischen Praxis nur selten verwendet werden. Die vorliegende Arbeit leistet daher einen wichtigen Beitrag zur Anwendung nichtparametrischer, splinebasierter Modelle im Bereich der Business Intelligence im Allgemeinen und im Zeitreihenbereich im Besonderen. Des Weiteren sind die im Rahmen der Arbeit entworfenen, grafischen Auswertungstechniken hervorzuheben, die es in Massendatensätzen erlauben, eine Vielzahl von Prognoseverfahren hinsichtlich ihrer Prognosegüte miteinander zu vergleichen.

Die Fähigkeit des Autors, auch komplexe Sachverhalte kurz und prägnant darzustellen, machen die vorliegende Arbeit sowohl für Statistiker als auch für Betriebswirte in Handel und Logistik zu einer gut lesbaren und anwendungsorientierten Lektüre neuester Entwicklungen im Bereich der Prognose von Massendaten.

Wuppertal, im Mai 2011 Univ.-Prof. Dr. Gerhard Arminger

Inhaltsverzeichnis

Abbildungsverzeichnis **IX**

1 Einleitung **1**

1.1 Problemstellung 2

1.2 Aufbau der Arbeit 6

2 Grundlagen und Motivation **9**

2.1 Grundbegriffe und Einordnung 9

2.2 Lineare Regressionsmodelle 20

2.2.1 Einfaches lineares Regressionsmodell 20

2.2.2 Lineares Regressionsmodell mit linearen Restriktionen 26

2.2.3 Ridge-Regression 28

2.3 Modellkomplexität und Sparsamkeitsprinzip 30

2.4 Box-Jenkins-Methode 33

2.4.1 Komponentenmodell 33

2.4.2 Box-Jenkins-Modelle 37

2.4.3 Gesamtablauf 41

2.5 Motivation zur Verwendung semiparametrischer Methoden 43

3 Strukturbrucherkennung **53**

3.1 Lineares Strukturbruchmodell 53

3.2 Bestimmung einer optimalen Partition 55

4 Splineregressionsmodelle **61**

4.1 Begriffsherkunft und Grundidee 61

4.2 Darstellung durch abgeschnittene Potenzen 64

4.3 Vermeidung von Überanpassung 72

4.3.1 Regressionssplinemodelle 72

4.3.2 P-Spline-Modelle 78

4.4 Reduzierung der Prognosevarianz bei Extrapolation 82

4.4.1 Natürliche kubische Splinemodelle 83
4.4.2 Periodische kubische Splinemodelle 86
4.4.3 Dämpfung der Prognose 91
4.5 Zusammenfassung 94

5 Empirische Untersuchung **97**
5.1 Beschreibung der verwendeten Daten 97
5.2 Gang der Untersuchung 99
5.3 Ablauf und Einordnung 101
5.3.1 Isolierung und Prognose der Kovariableneffekte 103
5.3.2 Ausreißerbereinigung 106
5.3.3 Verwendete Modelle und Modellvarianten 109

6 Auswertung der empirischen Untersuchung **113**
6.1 Auswertung für Ein-Schritt-Prognosen 113
6.2 Auswertung für Zwei-Schritt-Prognosen 120
6.3 Auswertung für Sechs-Schritt-Prognosen 126
6.4 Zusammenfassung 131

7 Fazit und Ausblick **133**

A Technische Details **137**
A.1 Lineares Regressionsmodell mit linearen Restriktionen 137
A.2 Modellkomplexität und Sparsamkeitsprinzip 138
A.3 Abgeschnittene Potenzen dritten Grades 139
A.4 Natürliche kubische Splinemodelle 140

B Tabellen **143**

Literaturverzeichnis **149**

Abbildungsverzeichnis

1.1 Beispiele für makroökonomische und betriebswirtschaftliche Zeitreihen 3
1.2 Anpassung und Prognose eines P-Spline-Modells 4
1.3 Zeitreihe eines Langsamdrehers 5
1.4 Konzentrationskurve des jährlichen Artikelumsatzes 5

2.1 Grundformen von Ausreißern 17
2.2 Strukturbruch 19
2.3 Realisationen stochastischer Prozesse 36
2.4 Ablaufschema der klassischen Box-Jenkins-Methode 42
2.5 Anpassung und Prognose mit Wochendummy-Trend-Modell 44
2.6 Anpassung und Prognose mit Monatsdummy-Trend-Modell 46
2.7 Prognose mit SARIMA(0,1,0)(0,1,0)$_{52}$-Modell 48
2.8 Kritische Ausreißer für SARIMA(0,1,0)(0,1,0)$_{52}$-Prognose 49

3.1 Beispielschema einer oberen Dreiecksmatrix der segmentweisen Residuenquadratsummen 57

4.1 Interpolation mit einer natürlichen kubischen Splinefunktion 62
4.2 Anpassung abschnittsweises Polynom und Splinemodell, Grad 1 66
4.3 Anpassung abschnittsweises Polynom und Splinemodell, Grad 2 68
4.4 Anpassung abschnittsweises Polynom und Splinemodell, Grad 3 69
4.5 Anpassungen und Prognosen kubischer Regressionssplinemodelle 73
4.6 Anpassungs- und Prognosevarianzen kubischer Regressionssplinemodelle . . . 75
4.7 Adaptive Knotenwahl durch Bruchpunkterkennung 77
4.8 Anpassungen und Prognosen kubischer P-Spline-Modelle 80
4.9 Anpassungs- und Prognosevarianzen kubischer P-Spline-Modelle 81
4.10 Anpassungen und Prognosen natürlicher kubischer Splinemodelle 85
4.11 Anpassung und Prognose eines periodischen kubischen Splinemodells 89
4.12 Gedämpfte Prognosen 92
4.13 Prognosevarianzen gedämpfter Prognosen 93

4.14 Vergleich der Anpassungs- und Prognosevarianzen 95

5.1 Abverkaufszeitreihe und individuelle Kovariablen 98
5.2 Kalenderereignisse 99
5.3 Ablaufschema der entwickelten Modellierungs- und Prognosestrategie 102
5.4 Bereinigung und Prognose von Kovariableneffekten 105
5.5 Algorithmus zur Ausreißerbereinigung 109

6.1 Box-Plots für Prognosehorizont $h=1$ 114
6.2 Podestdiagramm für Prognosehorizont $h=1$ 117
6.3 Farbtonmatrix-Diagramm für Prognosehorizont $h=1$ 119
6.4 Box-Plots für Prognosehorizont $h=2$ 121
6.5 Podestdiagramm für Prognosehorizont $h=2$ 123
6.6 Farbtonmatrix-Diagramm für Prognosehorizont $h=2$ 124
6.7 Box-Plots für Prognosehorizont $h=6$ 127
6.8 Podestdiagramm für Prognosehorizont $h=6$ 128
6.9 Farbtonmatrix-Diagramm für Prognosehorizont $h=6$ 129

1 Einleitung

Die Konsumgütermärkte der Gegenwart sind gekennzeichnet durch globalen Wettbewerb, neue Vertriebswege und kurze Produktlebenszyklen.[1] Industrie- und Handelsunternehmen der Konsumgüterwirtschaft begegnen diesen Herausforderungen mit modernen Managementkonzepten wie CPFR (Collaborative Planning, Forecasting and Replenishment) und ECR (Efficient Consumer Response).[2] Kernziele dieser Konzepte sind unternehmensübergreifende Effizienzsteigerungen entlang der gesamten Wertschöpfungskette sowie die konsequente Ausrichtung aller Geschäftsprozesse an der Bedürfnisbefriedigung der Konsumenten.[3] Für beide Ziele spielt die Prognose des zukünftigen Bedarfs der Konsumenten im Rahmen der verschiedenen Managementkonzepte eine Schlüsselrolle.[4]

Für große Industrie- und Handelsunternehmen ist die Anzahl der Artikel, für die der Bedarf im Rahmen der verwendeten Managementstrategie prognostiziert werden muss, enorm. So führt eine typische Supermarktfiliale durchschnittlich 20.000 Artikel.[5] Mit Hilfe der heutigen computergestützten Warenwirtschaftssysteme kann der Abverkauf jeder einzelnen Einheit jedes Artikels erfasst und aufgezeichnet werden. Für betriebswirtschaftliche Planungsprozesse werden diese Daten meist zusammengefasst, im Handel ist z. B. die Aggregation zu wöchentlichen Abverkäufen auf Filialebene üblich. In Handelskonzernen mit einigen hundert Filialen sind dann mehrere Millionen Zeitreihen auf Wochenbasis zu prognostizieren. Die Modellierung und Prognose einer derart großen Anzahl von Zeitreihen, in diesem Zusammenhang wird von *Massendaten*[6] gesprochen, ist nur noch mit automatisierten Verfahren zu bewältigen.[7]

Nicht- und semiparametrische Verfahren für Zeitreihendaten sind im Vergleich zu parametrischen noch wenig erforscht.[8] Dies ist überraschend, da die Verwendung nicht- und semiparame-

[1] Vgl. Voluntary Interindustry Commerce Standards (2008), S. 2. Einen Überblick über die Wettbewerbssituation des Handels in Europa gibt Angerer (2006), S. 1 ff.
[2] Vgl. Voluntary Interindustry Commerce Standards (2004), S. 5 und Seifert (2006), S. 49 f.
[3] Vgl. Seifert (2006), S. 1.
[4] Vgl. Chopra/Meindl (2003), S. 172 und Helm (2005), S. 419.
[5] Vgl. Thiel (2002), S. 27.
[6] Zentrale Begriffe sind bei erstmaliger Nennung durch kursiven Schriftsatz hervorgehoben.
[7] Vgl. Tsay (2000), S. 642.
[8] Vgl. De Gooijer/Hyndman (2005), S. 13.

trischer Verfahren im Querschnittsdatenbereich heute weit verbreitet ist.[9] Im Zeitreihenbereich werden von den nichtparametrischen Verfahren nur neuronale Netze und lokale polynomiale Kernschätzer regelmäßig genutzt, *Splinefunktionen* werden hingegen nur selten eingesetzt.[10] In den meisten Veröffentlichungen zu nicht- bzw. semiparametrischen Verfahren im Zeitreihenbereich werden nur wenige Zeitreihen modelliert und prognostiziert, die dabei eingesetzten Verfahren sind oft sehr rechenintensiv. Dies ist vermutlich mit ein Grund dafür, dass diese Methoden in der betriebswirtschaftlichen Praxis bislang nur eine untergeordnete Rolle spielen.[11] Diese Arbeit leistet einen Beitrag zur Schließung dieser Lücke, indem die Verwendung von splinebasierten Methoden zur Modellierung und Prognose von Zeitreihen im Allgemeinen und für betriebswirtschaftliche Massendaten im Besonderen am Beispiel von empirischen Daten aus dem Einzelhandel untersucht wird.

1.1 Problemstellung

Die Prognose von betriebswirtschaftlichen Massendaten wirft insbesondere zwei spezifische Probleme auf. Zum einen macht die große Anzahl der zu verarbeitenden Zeitreihen die Verwendung automatischer Prozeduren erforderlich. Zum anderen unterscheiden sich Zeitreihen aus betriebswirtschaftlichem Kontext typischerweise in der Länge des Beobachtungszeitraums und der Frequenz von klassischen makroökonomischen Zeitreihen. Letztere werden meist auf Monats-, Quartals- oder Jahresbasis erhoben, dafür aber über viele Jahre hinweg. Im betriebswirtschaftlichen Bereich werden Beobachtungen oft auf Tages- oder Wochenbasis aufgezeichnet, dafür ist der Beobachtungszeitraum mit wenigen Jahren vergleichsweise kurz. Die Anzahl der Beobachtungen kann dabei durchaus vergleichbar sein. Zur Verdeutlichung dieses Aspekts ist in Abbildung 1.1 (a) eine klassische makroökonomische Zeitreihe dargestellt, bei der es sich um die monatlichen Fluggastzahlen (in Tsd.) in den USA von Januar 1949 bis Dezember 1960 handelt. Eine typische betriebswirtschaftliche Zeitreihe ist der in Abbildung 1.1 (b) dargestellte wöchentliche Abverkauf eines Artikels von Kalenderwoche 26 im Jahr 2002 bis Kalenderwoche 11 im Jahr 2004. Beide Zeitreihen weisen einen Trend und eine Saisonfigur auf. Der Unterschied in der Anzahl der Beobachtungen (144 zu 90) und der Trendrichtung ist bei der statistischen Modellierung unproblematisch. Entscheidend ist, dass in der Zeitreihe der

[9] Vgl. Ruppert et al. (2009), S. 1193.

[10] Vgl. Ruppert et al. (2009), S. 1229.

[11] McCarthy et al. (2006) untersuchen, welche Klassen von Prognoseverfahren von Handelsunternehmen eingesetzt werden. Von den rein nichtparametrischen Verfahren werden demzufolge nur neuronale Netze gelegentlich verwendet, unter Umständen sind in den zum Teil genutzten Expertensystemen ebenfalls nichtparametrische Methoden implementiert.

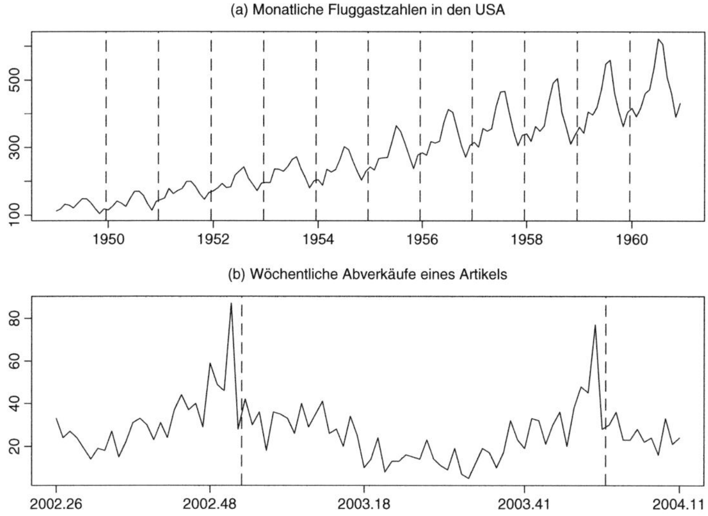

Abbildung 1.1: Beispiele für makroökonomische und betriebswirtschaftliche Zeitreihen

Fluggastzahlen zwölf vollständige Saisonzyklen beobachtet werden können, in der Zeitreihe der Abverkäufe hingegen weniger als zwei.

Vor dem Hintergrund dieser beiden spezifischen Probleme wird gezeigt, dass der klassische ökonometrische Modellierungs- und Prognoseansatz für betriebswirtschafliche Zeitreihen wenig geeignet ist, da dieser in erster Linie zur Analyse von einzelnen makroökonomischen Zeitreihen konzipiert ist. Dies gilt insbesondere dann, wenn in den betriebswirtschaftlichen Reihen Saisonfiguren vorhanden sind. Hier bietet sich die Verwendung von semiparametrischen Verfahren an, welche aufgrund ihrer Flexibilität eine vielversprechende und bislang wenig beachtete Alternative darstellen. Beim Entwurf einer Modellierungs- und Prognosestrategie auf Basis nicht- und semiparametrischer Verfahren ist darüber hinaus zu berücksichtigen, dass betriebswirtschaftliche Prozesse zumindest teilweise steuerbar sind. Der Absatz von Artikeln kann z. B. über die Preispolitik oder gezielte Marketingmaßnahmen beeinflusst werden.[12] Speziell im Handel gibt es darüber hinaus vorhersehbare Kalendereffekte, wie zum Beispiel das Weihnachtsgeschäft. Um solche exogenen Effekte bei der Prognose berücksichtigen zu können, muss die verwendete Prognosestrategie prinzipiell eine Komponente enthalten, die die Einbindung exogener Variablen ermöglicht.

[12]Vgl. Angerer (2006), S. 62.

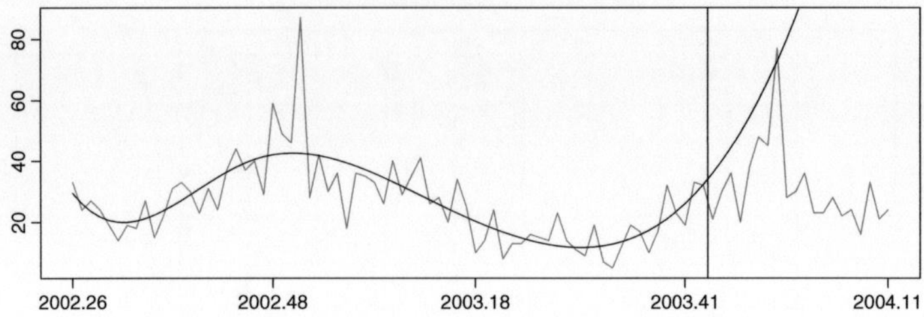

Abbildung 1.2: Anpassung und Prognose eines P-Spline-Modells

Die Verwendung semiparametrischer Verfahren bei der reinen Modellierung von Zeitreihen ist unproblematisch. Die Prognose auf Basis dieser Modelle ist allerdings mit einem schwerwiegenden Problem behaftet, welches im Querschnittsdatenbereich kaum eine Rolle spielt. Zur Verdeutlichung dieses zentralen Problems ist in Abbildung 1.2 die Anpassung und Prognose eines sog. *P-Spline-Modells* an die in Abbildung 1.1 (b) gezeigte Abverkaufszeitreihe dargestellt.[13] Für die Anpassung werden die Beobachtungen bis einschließlich Kalenderwoche 43 im Jahr 2003 verwendet, diese Grenze ist durch die vertikale Linie markiert. Obwohl bei der Modellierung keine Kovariableneffekte berücksichtigt werden, ist die Anpassung, mit Ausnahme der Verkaufsspitze am Ende des Jahres 2002, bereits bemerkenswert gut. Zur Erstellung der Prognose wird die angepasste Funktion in die Zukunft fortgeschrieben. Bereits in den ersten Wochen des Prognosezeitraums werden die Abverkäufe systematisch überschätzt, nach der siebten Woche liegen die Prognosen jenseits aller realistischen Werte. Die Tatsache, dass in diesem Beispiel die Abverkaufsspitze am Ende des Jahres 2003 gut getroffen wird, ist reiner Zufall. Die Vorschläge zum Umgang mit diesem Problem stellen den wesentlichen Beitrag dieser Arbeit dar.

Die hier betrachteten semiparametrischen Verfahren sind grundsätzlich zur Modellierung von stetigen Variablen konzipiert. Die Anzahl abverkaufter Artikel ist allerdings abzählbar und nicht negativ, es handelt sich demzufolge um Zähldaten. Für Zähldaten gibt es grundsätzlich eigene Modelle, die hier nicht Gegenstand der Betrachtung sind.[14] Die in dieser Arbeit entwickelten Verfahren können nur dann auf Zähldaten angewendet werden, wenn diese in guter Näherung durch eine stetige Funktion approximierbar sind. Im Kontext von Abverkaufszeitreihen aus dem

[13] P-Spline-Modelle sind das Standardwerkzeug in der semiparametrischen Regression und werden ausführlich in Abschnitt 4.3.2 vorgestellt. Zur Anpassung werden hier 6 äquidistante Knoten, ein Polynomgrad von 3 und ein GCV-optimaler Glättungsparameter von $\lambda = 10{,}176$ verwendet.

[14] Einen Überblick über Zähldatenmodelle und deren Entwicklung sowie weiterführende Literatur ist in De Gooijer/Hyndman (2005), S. 17 f zu finden. Ein aktuelle Monographie zum Thema ist Weiß (2009).

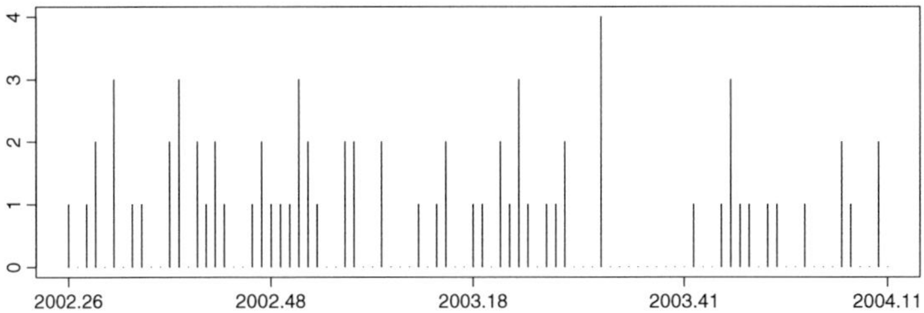

Abbildung 1.3: Zeitreihe eines Langsamdrehers

Handel ist dies für *Schnelldreher* der Fall.[15] Die Zeitreihe in Abbildung 1.1 (b) ist ein typisches Beispiel für einen Schnelldreher: Im beobachteten Zeitraum liegt der wöchentliche Abverkauf im Mittel bei ca. 27 Einheiten und in jeder Woche wird mindestens eine Einheit abgesetzt. In Abbildung 1.3 ist ein typischer *Langsamdreher* dargestellt: Der durchschnittliche wöchentliche Abverkauf liegt im Mittel unter eins und es gibt mehrere, oft aufeinanderfolgende Wochen, in denen dieser Artikel überhaupt nicht verkauft wird. Um die diskrete Natur solcher Reihen herauszustellen, werden diese meist als Histogramme dargestellt.

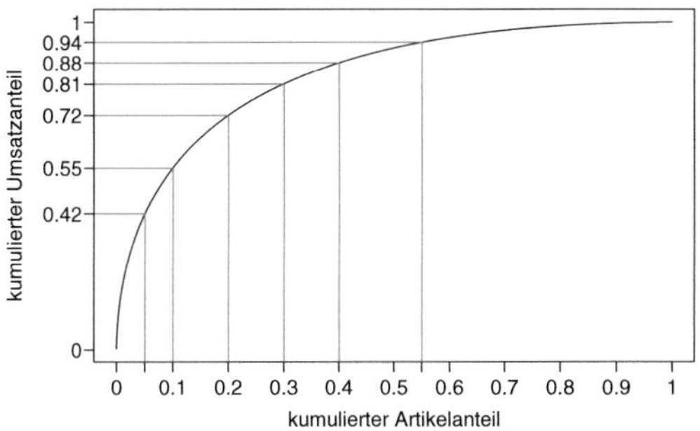

Abbildung 1.4: Konzentrationskurve des jährlichen Artikelumsatzes

Die Beschränkung der Untersuchung auf Schnelldreher kann aus betriebswirtschaftlicher Sicht damit gerechtfertigt werden, dass mit diesen ein überproportionaler Anteil des Umsatzes erzielt

[15] Im Handel wird grundsätzlich zwischen Schnell- und Langsamdrehern unterschieden. *Schnelldreher* (engl.: *fast moving consumer goods*) sind Artikel des täglichen Bedarfs, welche häufig konsumiert oder verbraucht werden, vgl. Ausschuss für Definitionen zu Handel und Distribution (2006), S. 127. Alle anderen Artikel sind im Gegensatz dazu *Langsamdreher* (engl.: *intermittent demand*). Zur Unterscheidung werden auch die Begriffe *regelmäßiger* und *sporadischer Bedarf* verwendet, vgl. Novack (2005), S. 61 f. In der Literatur gibt es keine klaren Kriterien zur Unterscheidung zwischen beiden Fällen, die für diese Arbeit zugrunde gelegten Kriterien werden in Abschnitt 5.1 beschrieben.

wird. Zur Verdeutlichung dieses Aspektes ist in Abbildung 1.4 die Konzentrationskurve des jährlichen Artikelumsatzes der in dieser Arbeit verwendeten Abverkaufsdaten dargestellt. In der Abbildung ist der kumulierte Jahresumsatzanteil der nach Jahrsumsatz sortierten Artikel gegen den kumulierten Anteil der Artikel abgetragen.[16] In der betrachteten Filiale wird z. B. mit den umsatzstärksten 20% aller Artikel 72% des Gesamtumsatzes erzielt. Diese Umsatzverteilung ist typisch für Unternehmen der Konsumgüterwirtschaft.[17]

1.2 Aufbau der Arbeit

Im zweiten Kapitel werden zunächst grundlegende Begriffe, Konzepte und Modelle der Zeitreihenstatistik erläutert, die sowohl für die Diskussion im letzten Abschnitt des zweiten Kapitels als auch für die Darstellung der Verfahren in den beiden darauffolgenden Kapiteln unerlässlich sind. Im Rahmen der Ausführungen werden splinebasierte Methoden in den Gesamtkontext der Zeitreihenstatistik eingeordnet. Von zentraler Bedeutung ist der letzte Abschnitt des Kapitels, in dem ausführlich dargelegt wird, weshalb die klassischen ökonometrischen Zeitreihenmodelle zur Modellierung und Prognose von betriebswirtschaftlichen Massendaten ungeeignet sind. Dies stellt die eigentliche Motivation zur Verwendung nicht- und semiparametrischer Verfahren dar. Gegenstand des dritten Kapitels ist ein Algorithmus zur automatischen Erkennung von *Strukturbrüchen*, der im Rahmen der Anpassung einer bestimmten Variante von Splinefunktionen eine zentrale Rolle spielen wird.[18] Im vierten Kapitel wird zunächst die Grundidee von Splinefunktionen erläutert. Um einen Einblick in die Natur dieser Funktionen zu erhalten, wird eine klassische Darstellungsart von Splinefunktionen ausführlich hergeleitet. Danach werden zwei Varianten von Splinefunktionen vorgestellt, die in der ökonometrischen Praxis von zentraler Bedeutung sind. Dabei wird mit analytischen Mitteln das in Abbildung 1.2 veranschaulichte Kernproblem bei der Nutzung von Splinefunktionen zur Prognose von Zeitreihen genauer betrachtet. Aufbauend auf den daraus gewonnenen Erkenntnissen werden verschiedene Vorschläge entwickelt, wie diesem Problem begegnet werden kann. Die Vorschläge beinhalten eine neue Modellierungsstrategie unter Verwendung des im dritten Kapitel beschriebenen Verfahrens, die Nutzung von speziellen und in der Praxis selten genutzten Typen von Splinefunktionen sowie eine Modifikation der Prognosefunktion selber. Die Eignung der Vorschläge wird im Rahmen

[16] Eine solche Betrachtung wird als ABC-Analyse bezeichnet, vgl. Nahmias (2001), S. 275 ff. Der Abbildung liegt der Jahresumsatz von 19.423 Artikeln einer Supermarktfiliale zugrunde, gemessen in der Zeit von Kalenderwoche 12 im Jahr 2003 bis Kalenderwoche 11 im Jahr 2004. Es werden nur Artikel verwendet, die im genannten Zeitraum permanent gelistet waren und für die der Verkaufspreis lückenlos aufgezeichnet ist. Genauere Wertepaare der Konzentrationskurve sind in Tabelle B.1 im Anhang zu finden.

[17] Vgl. Levy/Weitz (2008), S. 374.

[18] Strukturbrüche werden in Abschnitt 2.1 erläutert.

einer empirischen Untersuchung überprüft, deren Umsetzung detailliert in Kapitel fünf beschrieben ist. Teil der Umsetzung ist ein neu entwickelter Algorithmus zur automatischen Erkennung und Beseitigung von *Ausreißern* in Zeitreihen.[19] Die Ergebnisse der Untersuchung werden im sechsten Kapitel ausführlich analysiert. Dabei werden Diagramme eingesetzt, die zum Teil speziell für diesen Zweck entworfen wurden. Die wesentlichen Aspekte und Ergebnisse werden im letzten Kapitel zusammengefasst.

[19]Ausreißer werden in Abschnitt 2.1 erläutert.

2 Grundlagen und Motivation

In Abschnitt 2.1 werden zunächst verschiedene in der Einleitung verwendete Begriffe genauer erläutert, darüber hinaus verschiedene Grundbegriffe der Zeitreihenstatistik, welche zum Verständnis der Arbeit unerlässlich sind. Anschließend werden die in dieser Arbeit verwendeten Verfahren in den Gesamtkontext der Zeitreihenstatistik eingeordnet. Im zweiten Abschnitt werden verschiedene lineare Modelle eingeführt, die den in dieser Arbeit verwendeten Verfahren zugrunde liegen. Die Ausführungen über Modellkomplexität in Abschnitt 2.3 sind die theoretische Grundlage der Betrachtungen in den Abschnitten 4.3 und 4.4. In Abschnitt 2.4 wird mit der Box-Jenkins-Methode eine grundlegende Modellierungs- und Prognosestrategie von Zeitreihen beschrieben. Diese ist zum einen Ausgangspunkt der Betrachtungen im letzten Abschnitt dieses Kapitels, zum anderen werden in Kapitel 5 die vorgeschlagenen Verfahren in diese Strategie eingeordnet. Von zentraler Bedeutung ist der Abschnitt 2.5, in dem ausführlich dargelegt wird, weshalb die Box-Jenkins-Methode für betriebswirtschaftliche Massendaten wenig geeignet ist. Es werden grundsätzlich nur diejenigen Begriffe und Konzepte genauer erläutert, die für diese Arbeit wesentlich sind.

2.1 Grundbegriffe und Einordnung

Unter einer *Zeitreihe* $\{y_t|t = 1, \cdots, T\}$ wird aus empirischer Sicht eine chronologisch geordnete Folge von zeitlich auseinanderliegenden Beobachtungen bzw. Messungen an demselben Objekt verstanden. In der Literatur wird dabei von *Zeitreihen in diskreter Zeit* im Gegensatz zu *Zeitreihen in stetiger Zeit* gesprochen.[20] Der zeitliche Abstand zwischen zwei Messungen bei Zeitreihen in diskreter Zeit wird meist als identisch angenommen.[21] Die Messungen selber können dabei ein beliebiges Skalenniveau aufweisen. So werden z. B. die Abverkäufe im metrisch diskreten Skalenniveau und die Kalenderereignisse im nominellen Skalenniveau gemes-

[20]Zeitreihen in stetiger Zeit treten z. B. in der medizinischen Statistik bei der Messung von Vitalfunktionen auf, vgl. Chatfield (2001), S. 11.

[21]Zeitreihen in diskreter Zeit mit unterschiedlichen Zeitabständen treten u. a. bei der Analyse von hochfrequenten Finanzmarktdaten auf, vgl. z. B. Herwartz (2006), S. 87.

sen. Zeitreihen in diskreter Zeit können auf drei Arten gemessen werden. Erstens kann die beobachtete Zeitreihe von Natur aus diskret sein, dies ist z. B. bei den täglich festgelegten Geldmarktzinssätzen im Interbankenhandel oder den jährlich beschlossenen Dividenden von Aktiengesellschaften der Fall. Des Weiteren kann jede Messung eine Stichprobe aus einem stetigen oder höherfrequenten Messvorgang sein, zum Beispiel die täglichen Schlusskurse von Aktienindizes. Die dritte Möglichkeit besteht darin, dass verschiedene Messungen über die Zeit aggregiert werden.[22] Ein Beispiel für die letzte Kategorie sind die in dieser Arbeit verwendeten Zeitreihen der auf Kalenderwochen aggregierten Abverkäufe pro Artikel.

Theoretische Grundlage aller Zeitreihenmodelle sind *stochastische Prozesse*. Ein stochastischer Prozess $\{Y_t|t = -\infty, \cdots, \infty\}$ ist eine unendlich lange, zeitlich geordnete Folge von Zufallsvariablen. Analog zur Zeitreihe wird der Zeitindex t als diskret und der zeitliche Abstand zwischen jeweils zwei benachbarten Zufallsvariablen als identisch angenommen. Eine Zeitreihe ist aus theoretischer Sicht dann die Realisation eines endlichen Ausschnittes eines stochastischen Prozesses. Bei einigen theoretischen Überlegungen kann es sinnvoll sein, nur endliche Ausschnitte aus dem stochastischen Prozess $\{Y_t|t = 1, \cdots, T\}$ zu betrachten. Da in dieser Sichtweise der zugrunde liegende stochastische Prozess die Zeitreihe erzeugt, werden die stochastischen Prozesse auch als *datengenerierende Prozesse* (*DGP*) bezeichnet.[23] Aus sprachlichen Gründen werden in der Zeitreihenliteratur dennoch regelmäßig DGP als Zeitreihen bezeichnet. Die konkrete Bedeutung ergibt sich dann aus dem jeweiligen Kontext.

Ein DGP der Länge T ist vollständig über seine T-dimensionale Verteilung definiert. Die Betrachtungen in der Zeitreihenökonometrie beschränken sich aber praktisch ausschließlich auf die Momente erster und zweiter Ordnung der DGP. Dies hat den praktischen Grund, dass mit einer Zeitreihe nur eine einzige Realisation des DGP vorliegt und somit Verteilungsaussagen über einzelne Zufallsvariablen des DGP unmöglich sind. Der alleinige Zugang über die Momente ist aber gerechtfertigt, da in diesen bereits wesentliche Informationen über die gemeinsame Verteilung enthalten sind. Liegt dem DGP eine multivariate Normalverteilung zugrunde, ist die gemeinsame Verteilung durch ihre Momente sogar vollständig definiert.[24] Ein *Zeitreihenmodell* ist dann die Festlegung der gemeinsamen Verteilung bzw. der Momentstruktur des der beobachteten Zeitreihe zugrunde liegenden DGP.[25]

Ein *parametrisches* Modell benötigt a priori die Spezifikation eines konkreten funktionalen Zusammenhangs zwischen der abhängigen Variablen und den Kovariablen eines Modells. Der funktionale Zusammenhang wird dabei als global konstant angenommen, die Parameter des

[22] Vgl. Chatfield (2001), S. 11 f.
[23] Vgl. Kirchgässner/Wolters (2007), S. 12.
[24] Vgl. Cryer/Chan (2008), S. 11.
[25] Vgl. Brockwell/Davis (2002), S. 7.

Modells können auf Basis einer Stichprobe geschätzt und meist inhaltlich interpretiert werden. Das lineare Regressionsmodell ist der klassische Vertreter eines parametrischen Modells, bei dem der funktionale Zusammenhang zwischen der abhängigen Variablen und den Kovariablen als additiv und global linear angenommen wird. Bei einem *nichtparametrischen* Modell wird die Annahme eines global konstanten Zusammenhangs aufgegeben, stattdessen wird die funktionale Form direkt aus den Daten geschätzt. Der Vorteil dieses Ansatzes besteht darin, dass auch nichtlineare Zusammenhänge korrekt beschrieben werden können. Diese Flexibilität wird dadurch erkauft, dass es in nichtparametrischen Modellen keine interpretierbaren Parameter mehr gibt und Kovariableneffekte nur noch grafisch dargestellt werden können. Ein Modell, das sowohl parametrische als auch nichtparametrische Komponenten enthält, wird als *semiparametrisch* bezeichnet.[26]

Ein zentrales Konzept der Zeitreihenökonometrie ist die *Stationarität*, welches die Stabilität eines DGP hinsichtlich seiner Momente bzw. seiner Verteilung beschreibt. Ein DGP ist *stark stationär*, wenn die gemeinsame Verteilung zweier endlicher, gleich langer Ausschnitte eines stochastischen Prozesses identisch ist. Da Verteilungsaussagen über DGP mit Hilfe von Zeitreihen nicht überprüft werden können, spielt das Konzept der starken Stationarität in der ökonometrischen Praxis keine Rolle.[27] Von zentraler Bedeutung ist die *schwache Stationarität*, welche hinsichtlich der ersten und zweiten Momente definiert wird:

1. *Mittelwertstationarität*:

$$E(Y_t) = \mu_t = \mu \quad \forall t \quad .$$

2. *Varianzstationarität*:

$$V(Y_t) = E[(Y_t - \mu_t)^2] = \sigma^2 < \infty \quad \forall t \quad .$$

3. *Kovarianzstationarität*:

$$COV(Y_t, Y_{t-h}) = E[(Y_t - \mu_t)(Y_{t-h} - \mu_{t-h})] = \gamma(|h|) \quad \forall t,h \quad .$$

Aus Kovarianzstationarität folgt dabei Varianzstationarität. Ein DGP, der hinsichtlich dieser drei Momente über die Zeit stabil ist, wird als schwach stationär bezeichnet.[28] Erwartungswerte, Va-

[26] Vgl. Keele (2008), S. 9.
[27] Vgl. Kirchgässner/Wolters (2007), S. 13.
[28] Im Folgenden ist stets die schwache Stationarität gemeint, wenn von Stationarität die Rede ist.

rianzen und Kovarianzen können unter der technischen Annahme der *Ergodizität* aus Zeitreihen geschätzt werden, so dass die Eigenschaft der Stationarität auch empirisch überprüfbar ist.[29] Stationarität ist eine Eigenschaft von stochastischen Prozessen und damit ein rein theoretisches Konzept. Wenn im Folgenden von einer stationären Zeitreihe gesprochen wird, ist damit stets gemeint, dass aufgrund des beobachteten Verlaufs der Zeitreihe davon ausgegangen werden kann, dass der zugrunde liegende DGP stationär ist. Ein wichtiger, per Definition schwach stationärer DGP ist das *Weiße Rauschen* ($\mathcal{WR}$). Dabei handelt es sich um eine Folge unabhängig und identisch verteilter Zufallsvariablen $\{\varepsilon_t|t = 1, \cdots, T\}$, bei der jede Zufallsvariable einen Erwartungswert von null und eine endliche Varianz von σ^2 hat.

Für die Untersuchung von Zeitreihen existieren zwei grundlegend verschiedene Techniken. Bei Analysen im *Zeitbereich* (engl.: *time domain*) werden die Abhängigkeitsstrukturen zwischen zeitlich benachbarten Beobachtungen untersucht. In der Ökonometrie sind Methoden aus diesem Bereich vorherrschend, auch alle in dieser Arbeit verwendeten Verfahren gehören dazu. Ein gänzlich anderer Zugang besteht darin, Zeitreihen als Überlagerung von periodischen Schwingungen unterschiedlicher Frequenzen zu betrachten. Solche Untersuchungen im *Frequenzbereich* (engl.: *frequency domain*) werden als *Spektralanalysen* bezeichnet und insbesondere in den Natur- und Ingenieurswissenschaften intensiv genutzt.[30] Zur Erstellung von Prognosen werden spektralanalytische Methoden nur selten genutzt.[31]

Als *Prognosemethode* wird ein systematisches Vorgehen bezeichnet, bei dem aus Informationen der Gegenwart und Vergangenheit Vorhersagen über den zukünftigen Zustand eines interessierenden Objektes oder Sachverhaltes ermittelt werden.[32] Der so ermittelte Zustand wird als *Prognose* und der zeitliche Abstand der Prognose von der Gegenwart als *Prognosehorizont* bezeichnet. Es wird weiterhin zwischen *Algorithmen* und *Modellen* differenziert. Algorithmen sind vergleichsweise einfache Rechenvorschriften zur Erstellung von Prognosen. Bei einem Modell wird hingegen eine bestimmte Modellstruktur mit dazugehörigen Verteilungsannahmen unterstellt.[33] Ein klassisches Beispiel für einfache Algorithmen sind die Verfahren der *exponentiellen Glättung* aus den 1950er Jahren. Für diese sind inzwischen allerdings Repräsentationen als Zustandsraummodelle entwickelt worden, so dass auch diese heute als Modelle aufgefasst werden müssen.[34]

[29] Die Annahme der Ergodizität besagt, dass die Momente auf Basis endlicher Zeitreihen konsistent geschätzt werden können, vgl. Kirchgässner/Wolters (2007), S. 12 f.
[30] Vgl. Cryer/Chan (2008), S. 319.
[31] Vgl. Chatfield (2001), S. 26.
[32] Vgl. Schlittgen/Streitberg (1999), S. 191.
[33] Vgl. Brockwell/Davis (2002), S. 317 und Chatfield (2001), S. 3.
[34] Vgl. Hyndman et al. (2008).

Eine Prognose im Zeitbereich stellt immer eine *Extrapolation* dar. Dies bedeutet, dass die Modelle bzw. Algorithmen auf Basis einer Stichprobe angepasst bzw. kalibriert und dann außerhalb des beobachteten Datenbereichs zur Prognoseerstellung verwendet werden. Eine Extrapolation beinhaltet daher immer die implizite Annahme, dass das Modell und die mit diesem getroffenen Annahmen auch außerhalb der beobachteten Stichprobe und damit, im Kontext von Zeitreihen, auch in der Zukunft gelten. Im Querschnittsdatenbereich werden Extrapolationen grundsätzlich mit Skepsis betrachtet.[35] Prinzipiell nimmt mit steigendem Prognosehorizont die mit der Extrapolation verbundene Unsicherheit zu. Dieser Sachverhalt wird in Abschnitt 4.4 noch ausführlicher betrachtet.

Ein weiteres Unterscheidungsmerkmal von Prognosen ist die aus der Prognose entnehmbare Informationsmenge. Eine *Punktprognose* (engl.: *point forecast*) liefert einen einzelnen Wert, bei dem es sich aus statistischer Sicht um einen bedingten Erwartungswert handelt. In den Medien werden vorzugsweise Punktprognosen zitiert, z. B. dass das Wirtschaftswachstum im Folgejahr einen bestimmten Prozentwert betragen wird. Punktprognosen spiegeln jedoch nicht die Unsicherheit wieder, welche mit der Prognoseerstellung verbunden ist. Dies kann durch die Verwendung von *Prognoseintervallen* (engl.: *interval forecasts*) erreicht werden, welche so konstruiert werden, dass die zukünftige Realisation mit einer vorgegebenen Wahrscheinlichkeit darin liegt. Ein noch genaueres Bild über den möglichen zukünftigen Zustand eines Untersuchungsobjektes liefert die *Prognose der bedingten Dichtefunktion* (engl.: *density forecast*).[36] Diese ist insbesondere dann relevant, wenn der Zeitreihe eine unsymmetrische Verteilung zugrunde liegt.[37] Die Betrachtung von Punktprognosen ist für die Untersuchung der grundsätzlichen Eignung von semiparametrischen Modellen zur automatisierten Prognose von Zeitreihen jedoch ausreichend.

Grundsätzlich können drei Arten von Prognosemethoden unterschieden werden:[38]

- *Urteilsbasierte Methoden*, welche auf der subjektiven Einschätzung von einem oder mehreren Individuen beruhen. Das bekannteste Verfahren aus dieser Gruppe ist die Delphi-Technik.[39]

- *Univariate Methoden*, bei denen zur Prognose der eigentlich interessierenden Zeitreihe nur Informationen genutzt werden, die in der Vergangenheit und Gegenwart der Zeitreihe

[35] Vgl. Chatfield (2001), S. 7.
[36] Vgl. De Gooijer/Hyndman (2005), S. 21f.
[37] Vgl. Chatfield (2001), S. 184.
[38] Vgl. Chatfield (2001), S. 3.
[39] Eine Monographie zur Delphi-Technik ist z. B. Häder (2002).

selber enthalten sind. Dies schließt Funktionen der Zeit, z. B. lineare Trendverläufe, mit ein.

- *Multivariate Methoden*, bei denen zur Prognose der eigentlich interessierenden Zeitreihe zusätzlich Informationen aus der Gegenwart oder Vergangenheit von einer oder mehreren anderen Zeitreihen verwendet werden. Letztere werden in diesem Zusammenhang analog zur Regressionsanalyse als Kovariablen und die interessierende Zeitreihe als abhängige Variable bezeichnet.

Innerhalb der univariaten Methoden lassen sich verschiedene Klassen von Verfahren unterscheiden, wobei die Übergänge zwischen diesen teilweise fließend sind. In der Zeitreihenökonometrie ist die Klasse der von G. E. P. BOX und G. M. JENKINS entwickelten *Autoregressiven-Moving-Avergage-Modelle* (ARMA-Modelle) und deren Erweiterungen von herausragender Bedeutung.[40] Die Modelle dieser Modellklasse werden auch als *Box-Jenkins-Modelle* bezeichnet. Box-Jenkins-Modelle sind in Theorie und Praxis sehr verbreitet, weil die beiden Autoren neben dem theoretischen Rahmen eine pragmatische Modellierungsstrategie vorgeschlagen haben, welche heute als *Box-Jenkins-Methode* bezeichnet wird.[41] Des Weiteren hat sich in empirischen Studien gezeigt, dass die mit Box-Jenkins-Modellen erstellten Prognosen in vielen Fällen besser sind als die mit komplexen ökonometrischen Modellen erstellten Prognosen.[42] Auch die in dieser Arbeit entwickelte Modellierungs- und Prognosestrategie orientiert sich grundsätzlich an der Box-Jenkins-Methode.

Eine weitere Klasse von univariaten Methoden umfasst *univariate Zustandsraummodelle* (engl.: *state space models*).[43] Diese stammen aus den Ingenieurswissenschaften und werden dort z. B. zur Steuerung von Flugkörpern genutzt.[44] Viele Modelle, unter anderem alle Verfahren der exponentiellen Glättung und die Box-Jenkins-Modelle, lassen sich als Zustandsraummodelle beschreiben. Der einheitliche Rahmen der Zustandsraummodelle bietet Vorteile bei Schätzung und Inferenz, des Weiteren lassen sich diese Modelle einfacher generalisieren und die Behandlung von Fehlwerten ist vergleichsweise unproblematisch.[45] Zustandsraummodelle sind insgesamt gut untersucht und haben viele praktische Anwendungen, unter anderem im Massendatenbereich.[46]

[40] Vgl. Clements/Hendry (1998), S. 15 und Kirchgässner/Wolters (2007), S. 1.
[41] Vgl. Cryer/Chan (2008), S. 8.
[42] Vgl. Kirchgässner/Wolters (2007), S. 1.
[43] Standardreferenzen für diese Modelle sind z. B. Durbin/Koopman (2001), Harvey (1990) und West/Harrison (1997).
[44] Vgl. Chatfield (2001), S. 49 f und Schlittgen/Streitberg (1999), S. X.
[45] Vgl. Makridakis et al. (1998), S. 433.
[46] Vgl. Thiel (2002), Kapitel 5, 6 und 10.

Nichtlineare Methoden werden als weitere univariate Klasse von Verfahren angesehen, wobei darunter verschiedene parametrische und nichtparametrische Modellarten und Algorithmen subsummiert sind. Es gibt in der Wissenschaft keinen Konsens darüber, welche Merkmale ein Modell aufweisen muss, um als nichtlinear zu gelten.[47] Folgende Verfahren werden in der Literatur regelmäßig dazu gezählt:

- *Modelle zur Beschreibung nichtlinearer Charakteristiken* in Zeitreihen wie Nichtnormalität, asymmetrische Zyklen, Bimodalität und Heteroskedastizität.[48] Viele dieser Modelle sind parametrische und nichtparametrische Erweiterungen der Box-Jenkins-Modelle. Parametrischen Charakter haben z. B. *autoregressive Modelle mit bedingter Heteroskedastizität*, welche im Finanzmarktbereich intensiv genutzt werden. Nichtparametrische Eigenschaften haben hingegen z. B. *autoregressive Modelle mit funktionalen Koeffizienten* (engl.: *functional-coefficient autoregressive models*), bei denen die Koeffizienten von AR-Modellen selber differenzierbare Funktionen sind.[49]

- *Neuronale Netzwerke* sind eine nichtparametrische Modellklasse, deren Grundidee darin besteht, die Strukturen des menschlichen Gehirns nachzuahmen.[50] Ein zentrales Anwendungsgebiet neuronaler Netzwerke ist die Mustererkennung, z. B. die Erkennung handgeschriebener Postleitzahlen im Briefverkehr.[51] Im Zeitreihenbereich werden solche Modelle vor allem auf hochfrequente Finanzmarktdaten angewendet, wobei deren Eignung hierfür teilweise umstritten ist.[52] Auch im Bereich der Absatzzahlenprognose werden Modelle, die auf neuronalen Netzen beruhen, erfolgreich angewendet.[53]

- *Glättungsverfahren*, wobei unter Glättung die Ausschaltung von irregulären Schwankungen durch lokale Approximation verstanden wird.[54] Lassen sich die Glättungen als Linearkombinationen der zu glättenden Zeitreihe darstellen, werden solche Verfahren als *lineare Glätter* oder als *lineare Filter* bezeichnet. Der *gleitende Mittelwert* ist der einfachste Vertreter von linearen Glättern. Die Berücksichtigung von Gewichtsfunktionen in den gleitenden Mittelwerten führt zu *Kernschätzern* (engl.: *kernel smoothers*). Die Verfahren der exponentiellen Glättung sind ebenfalls einseitige Kernschätzer, solange sie nicht als Zustandsraummodelle betrachtet werden.[55] Die in dieser Arbeit verwendeten Methoden

[47] Vgl. Chatfield (2001), S. 56.

[48] Vgl. Fan/Yao (2003), S. 313.

[49] Diese und weitere Modelle sind in Fan / Yao (2003), Kapitel 4 und 8 beschrieben.

[50] Eine kompakte Einführung in neuronale Netzwerke ist z. B. in Hastie et al. (2009), Kapitel 11 zu finden.

[51] Vgl. Hastie et al. (2009), S. 404.

[52] Vgl. De Gooijer/Hyndman (2005), S. 14 f und Faraway/Chatfield (1998). Eine erfolgreiche Anwendung auf Wechselkursdaten ist z. B. bei Gradojevic/Yang (2006) zu finden.

[53] Vgl. Aburto/Weber (2007) und McCarthy et al. (2006), S. 311 f.

[54] Vgl. Schlittgen/Streitberg (1999), S. 35.

[55] Einseitig deshalb, da bei Verfahren der exponentiellen Glättung nur in der Vergangenheit liegende Werte bei der

der *Splineregression* gehören ebenfalls zur Klasse der linearen Glätter.[56] Der *LOWESS-Glätter* ist ein weiterer weit verbreiteter Glätter, der auf der Anpassung lokaler gewichteter Regressionsmodelle beruht. Von großer Bedeutung sind Glättungsverfahren in der amtlichen Zeitreihenstatistik, da die von den statistischen Ämtern eingesetzten *Dekompositionsverfahren* u. a. die iterative Anwendung von verschiedenen Filtern und Glättungsalgorithmen beinhalten.[57]

In der Problemstellung wurde erläutert, dass der Absatz von Artikeln durch bekannte exogene Faktoren beeinflusst wird. Dies macht die Integration einer multivariaten Komponente in die entwickelte Modellierungs- und Prognosestrategie erforderlich. Im Rahmen von multivariaten Zeitreihenmodellen ist im Vergleich zur Querschnittsdatenanalyse nicht nur zu entscheiden, ob Kovariablen überhaupt Einfluss auf die abhängige Variable haben, sondern darüber hinaus, ob dieser Einfluss zeitlich verzögert und über mehrere Perioden verteilt auftritt. Ist dies der Fall, werden die Kovariablen als *Frühindikatoren* (engl.: *leading indicators*) bezeichnet. Wird in makroökonomischen Modellen z. B. ein Leitzins als Kovariable verwendet, ist es plausibel anzunehmen, dass Veränderungen von diesem mit zeitlicher Verzögerung und über mehrere Perioden hinweg wirken. Bei der Prognose mit einem multivariaten Modell ist zu beachten, dass die Frühindikatoren selber prognostiziert werden müssen, falls der Prognosehorizont über die zeitliche Wirkungsverzögerung hinausgeht.[58]

Es gibt eine Vielzahl multivariater Methoden, die sich vor allem dadurch unterscheiden, wie zeitlich verzögerte Effekte und Rückkopplungseffekte zwischen den im Modell enthaltenen Zeitreihen abgebildet werden können. Die einfachsten multivariaten Modelle sind *lineare Regressionsmodelle* (*LRM*), bei denen die Kovariablen wie bei Querschnittsdaten ohne zeitlichen Vorlauf verwendet werden. *Frühindikatormodelle* können als Erweiterung der Regressionsmodelle aufgefasst werden. In diesen und allen weiteren im Folgenden genannten Modellklassen ist die zusätzliche Berücksichtigung von verzögerten Kovariableneffekten möglich. Die Einbettung von Kovariableneffekten in univariate Box-Jenkins-Modelle führt auf *Transferfunktionsmodelle*. Mit Modellen der *Interventionsanalyse* werden Auswirkungen von einmalig auftretenden exogenen Ereignissen beschrieben. Die Berücksichtigung von Rückkopplungseffekten zwischen der abhängigen Variablen und den Kovariablen macht die Verwendung von *Mehrgleichungsmodellen* erforderlich. *Modelle der Grangerkausaltität* sind die einfachsten Mehrgleichungsmodelle, mit denen die Wechselwirkung zwischen genau zwei Zeitreihen untersucht werden kann. Die Klasse der *Vektorautoregressiven-Moving-Average-Modelle* (VARMA-Modelle) erlaubt die

Mittelwertberechnung berücksichtigt werden.

[56]Vgl. Fan/Yao (2003), Kapitel 6.

[57]In Abschnitt 2.4.1 wird das Modell erläutert, welches den Dekompositionsverfahren zugrunde liegt.

[58]Vgl. Chatfield (2001), S. 112 f. In Abschnitt 2.2.1 wird auf die Prognostizierbarkeit von Kovariablen genauer eingegangen.

Modellierung von Rückkopplungseffekten zwischen mehreren Zeitreihen, wobei sowohl die Anzahl der Reihen als auch die der berücksichtigten Wechselwirkungen aus Identifikationsgründen begrenzt bleiben muss. Mit *Vektor-Fehlerkorrektur-Modellen* können im Rahmen von VARMA-Modellen zusätzlich *Kointegrationseffekte* beschrieben werden. Als weitere Klasse werden komplexe *ökonometrische Modelle* betrachtet, bei denen die Zusammenhänge und Wechselwirkungen aus der ökonomischen Theorie abgeleitet werden. Die Anzahl der Gleichungen in diesen Modellen kann sich dabei auf einige hundert summieren. Viele der genannten Modellklassen lassen sich analog zum univariaten Fall in die Form *multivariater Zustandsraummodelle* überführen.[59]

Grundsätzlich steigen mit der Komplexität der Modelle auch die Schwierigkeiten bei Identifikation und Schätzung. Dies schließt die Verwendung vieler multivariater Methoden im Massendatenbereich praktisch aus. In dieser Arbeit werden daher zur Berücksichtigung von Kovariableneffekten semiparametrische Regressionsmodelle genutzt, deren Grundlage die in Abschnitt 2.2 erläuterten linearen Regressionsmodelle sind. Bei der Anwendung dieser Modelle zur Prognose muss die bereits angesprochene Problematik der Kovariablenprognose berücksichtigt werden, welche in Abschnitt 2.2.1 ausführlich diskutiert wird.

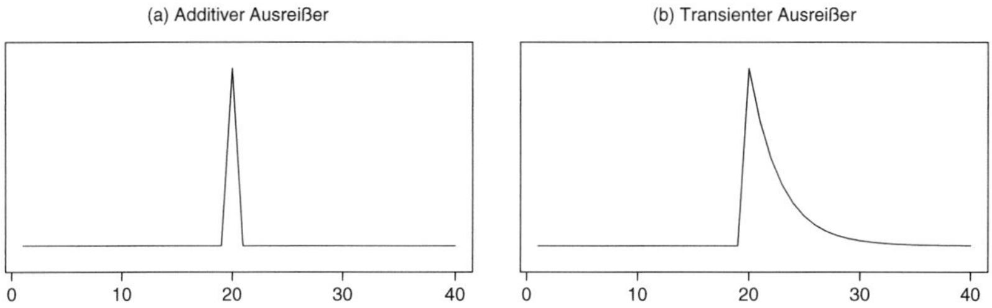

Abbildung 2.1: Grundformen von Ausreißern

Ein praktisch relevantes Problem stellen *Ausreißer* dar. Als solche werden Beobachtungen bezeichnet, die ein ungewöhnliches Muster aufweisen, welches nicht zu den restlichen Beobachtungen passt. Ursache dafür können ungewöhnliche Ereignisse, unerwartete Störungen oder Datenfehler sein.[60] Bei den modellunabhängigen Definitionen von Ausreißern wird zwischen zwei Grundformen unterschieden:[61] Ein *additiver Ausreißer* bewirkt eine Niveauverän-

[59]Vgl. Chatfield (2001), Kapitel 5, Cryer/Chan (2008), Kapitel 11 und Enders (1995), Kapitel 5 und 6. Eine Standardreferenz für VARMA-Modelle und deren Erweiterungen ist Lütkepohl (2005).

[60]Vgl. Box et al. (2008), S. 536 ff.

[61]Ein wichtiger, jedoch nur im Rahmen von Box-Jenkins-Modellen definierter Ausreißertyp ist der *innovative Ausreißer*, welcher hier nicht diskutiert wird. Eine ausführliche Darstellung ist z. B. in Peña (2001), S. 136 ff zu finden.

derung, welche auf einen einzigen Zeitpunkt beschränkt ist. Bei Zeitreihen aus einem Warenwirtschaftssystem kann dies z. B. aus einem Buchungsfehler oder Computerabsturz resultieren. Bei einem *transienten Ausreißer* beeinflusst ein aufgetretener Ausreißer nicht nur das Niveau eines Zeitpunktes, sondern in abnehmender Weise auch das Niveau nachfolgender Zeitpunkte, wobei meist ein exponentiell abnehmender Einfluss unterstellt wird. Bei einem Einzelhandelsartikel kann dies z. B. durch eine nicht dokumentierte Werbemaßnahme verursacht werden. In Abbildung 2.1 sind die beiden Ausreißertypen idealtypisch dargestellt. In der Literatur werden darüber hinaus weitere, aus den oben genannten Grundformen abgeleitete Ausreißertypen definiert, für eine ausführlichere Betrachtung sei auf die zitierte Literatur verwiesen.[62]

Ausreißer beeinflussen alle Aspekte der Zeitreihenanalyse, wie Modellidentifikation, Parameterschätzung, Modellevaluation und Prognose.[63] Ist die Ursache für einen Ausreißer bekannt, kann dies direkt bei der Modellierung berücksichtigt werden. Im Rahmen der Box-Jenkins-Modelle kann ein exogener Effekt z. B. durch ein Modell der Interventionsanalyse geschätzt werden. In der Regel ist die Ursache für einen Ausreißer aber unbekannt. Dann gibt es zwei grundsätzlich verschiedene Ansätze. Zum einen kann versucht werden, die Ausreißer im Rahmen des Modellierungsprozesses als solche zu identifizieren. Dazu ist die iterative Anwendung verschiedener Diagnose-, Korrektur-, Modellidentifikations- und Schätzschritte notwendig. Zum anderen können *robuste* Verfahren verwendet werden, welche so konstruiert sind, dass Ausreißer keine Wirkung entfalten.[64] Der erste Ansatz ist aufgrund des iterativen Charakters für die Modellierung von Massendaten nicht geeignet. In Abschnitt 5.3.2 wird ein robustes, auf dem *gleitenden Median* (engl.: *running median*) beruhendes nichtparametrisches Verfahren entwickelt, welches problemlos in die vorgeschlagene Modellierungsstrategie integriert werden kann.

Ein weiteres bei der Modellierung von Zeitreihen problematisches Phänomen sind *Strukturbrüche*. Formal ist ein Strukturbruch als eine Veränderung in den Parametern eines parametrischen DGP definiert.[65] Ein klassisches Lehrbuchbeispiel für einen Strukturbruch im DGP ist die in Abbildung 2.2 dargestellte Zeitreihe des jährlichen Nilwasserabflusses. Diese enthält für die Zeit von 1871 bis 1970 die jährlich durch Assuan fließende Wassermenge des Nils, gemessen in 10^9 m^3. Grundsätzlich ist für diese Zeitreihe ein Mittelwertmodell angemessen, die Anpassung eines solchen Modells ist in der Abbildung als graue Linie eingezeichnet. Bei der Betrachtung der Anpassung fällt auf, dass bis zum Jahr 1898 die Zeitreihe systematisch unter-

[62] Vgl. Küsters/Becker (2005), S. 337 ff und Tsay (1988), S. 1 ff.
[63] Vgl. Küsters/Becker (2005), S. 340 ff. In Abschnitt 2.5 wird insbesondere der Einfluss auf Prognosen diskutiert.
[64] Vgl. Küsters/Becker (2005), S. 336 und Chatfield (2003), S. 271 f.
[65] Vgl. Hansen (2001), S. 117 und Kuan/Hornik (1995), S. 135.

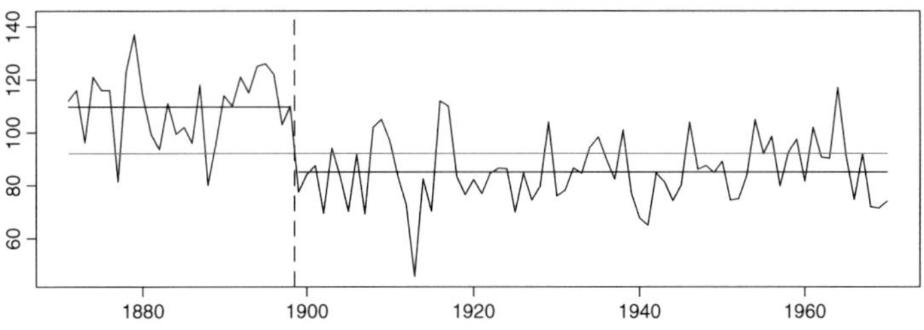

Abbildung 2.2: Strukturbruch

schätzt und ab dem Jahr 1899 systematisch überschätzt wird. Dies liegt daran, dass sich der mittlere Wasserabfluss des Nils durch die Fertigstellung des ersten Bauabschnitts des Assuan-Staudamms im Jahr 1898 dauerhaft reduziert hat. Bezogen auf das Mittelwertmodell hat sich nach dem Jahr 1898 der Mittelwert und damit ein Parameter des DGP verändert. Der letzte Zeitpunkt unter der alten Struktur, hier also das Jahr 1898, wird als *Bruchpunkt* bezeichnet. Die sich durch die Bruchpunkte ergebenden Abschnitte werden *Regime* genannt. In der Abbildung ist die Grenze zwischen den zwei Regimen durch die vertikale gestrichelte Linie gekennzeichnet.

Strukturbrüche lassen sich auf zwei Arten differenzieren. Zum einen im Hinblick auf die zeitliche Dimension. Im Beispiel des Nilwasserabflusses hat sich der einzige Parameter des DGP, der Mittelwert, genau einmal geändert. Dies wird als *einfacher Strukturbruch* (engl.: *single structural change*) bezeichnet. Ändert sich ein Parameter des DGP im beobachteten Zeitraum mehr als einmal, wird dies als mehrfacher Strukturbruch (engl.: *multiple structural change*) bezeichnet. Zum anderen kann eine Unterscheidung hinsichtlich der Anzahl der von der Änderung betroffenen Parameter des DGP getroffen werden. Ändert sich jeder Parameter des DGP über den beobachteten Zeitraum wenigstens einmal, wird dies als *reiner Strukturbruch* (engl.: *pure structural change*) bezeichnet. Ändert sich nur eine Teilmenge der Parameter des DGP über die Zeit, wird von einem *Teilstrukturbruch* oder *partiellen Strukturbruch* (engl.: *partial structural change*) gesprochen. [66] Die automatische Modellierung von Strukturbrüchen ist nicht Gegenstand dieser Arbeit. Dennoch ist der in Kapitel 3 erläuterte Algorithmus zur automatischen Erkennung von Bruchpunkten ein wichtiger Bestandteil der entwickelten Modellierungs- und Prognosestrategie.

[66] Vgl. Bai/Perron (2003), S. 1.

2.2 Lineare Regressionsmodelle

Die in dieser Arbeit verwendeten nichtparametrischen Verfahren lassen sich alle als lineare Regressionsmodelle (LRM) formulieren. Daher wird in Abschnitt 2.2.1 zunächst das *einfache LRM* eingeführt. Zur Darstellung verschiedener Varianten der Splineregression in Kapitel 4 werden darüber hinaus das in Abschnitt 2.2.2 erläuterte *restringierte LRM* und die in Abschnitt 2.2.3 beschriebene *Ridge-Regression* benötigt werden. Bei allen Modellen wird beschrieben, wie auf deren Basis Prognosen erstellt und die dazugehörigen Prognosevarianzen berechnet werden. Letztere werden zusammen mit den Ausführungen zur Modellkomplexität in Abschnitt 2.3 bei den Betrachtungen in Kapitel 4 benötigt.

2.2.1 Einfaches lineares Regressionsmodell

Das einfache LRM wird bei der in Abschnitt 2.4 beschriebenen Schätzung von deterministischen Zeitreihenkomponenten verwendet, es liegt dem in Kapitel 3 beschriebenen Algorithmus zur Erkennung von Strukturbrüchen zugrunde und die in Abschnitt 4.2 erläuterte Grundform der Splineregression lässt sich als einfaches LRM formulieren. Darüber hinaus werden im Rahmen der entwickelten Prognosestrategie Kovariableneffekte durch einen in Abschnitt 5.3.1 vorgestellten semiparametrischen Ansatz modelliert und prognostiziert, welcher sich direkt aus dem einfachen LRM ableitet. Hierbei ist zu beachten, dass bei der Verwendung von LRM mit Zeitreihendaten grundsätzlich spezielle Probleme auftreten können, welche in diesem Abschnitt beschrieben werden. Vor diesem Hintergrund wird in Abschnitt 5.1 erläutert, weshalb für die vorliegenden Daten die Verwendung von LRM dennoch bedenkenlos möglich ist.

Um eine kompakte Darstellung der LRM zu ermöglichen, werden die DGP bzw. Zeitreihen in Vektoren und Matrizen zusammengefasst:

$$\begin{aligned} Y &= (Y_1, Y_2, \cdots, Y_T)' \\ y &= (y_1, y_2, \cdots, y_T)' \\ \varepsilon &= (\varepsilon_1, \varepsilon_2, \cdots, \varepsilon_T)' \quad , \end{aligned}$$

wobei Y ein DGP, y eine beobachtete Zeitreihe und ε ein weißes Rauschen ist. Der DGP Y wird modelliert bzw. prognostiziert und ist im linearen Modell die abhängige Variable. Pro

Zeitpunkt werden die Kovariablen in einen Vektor zusammengefasst, aus diesen T Vektoren wird die Designmatrix gebildet:

$$x_t = (1, x_{t1}, x_{t2}, \cdots, x_{tp})' \quad \text{mit} \quad t = 1, \cdots, T$$
$$X = (x_1, x_2, \cdots x_T)' \quad .$$

Da die Kovariablen gemäß der folgenden Annahmen als deterministisch betrachetet werden, sind die Realisationen des DGP mit dem DGP selber identisch. Daher werden für die Kovariablen kleine lateinische Buchstaben verwendet.

Es gelten die Standardannahmen für lineare Regressionsmodelle:[67]

$$X \text{ deterministisch mit vollem Spaltenrang,} \tag{A1}$$

$$\varepsilon \sim N(0, \sigma^2 I_T) \quad , \tag{A2}$$

wobei I_T die $T \times T$-Einheitsmatrix ist. Für das weiße Rauschen wird hier also zusätzlich die Normalverteilung unterstellt. Das einfache LRM ist gegeben durch

$$Y = X\beta + \varepsilon \quad , \tag{2.1}$$

mit dem Koeffizientenvektor $\beta = (\beta_0, \beta_1, \cdots, \beta_p)'$. Der *Kleinste-Quadrate-Schätzer* (*KQ-Schätzer*) für den Parametervektor β minimiert die Zielfunktion[68]

$$RSS(\beta) = (y - X\beta)'(y - X\beta) \quad . \tag{2.2}$$

Bei gegebenen Variablen hängt die Zielfunktion nur vom Parametervektor β ab. Als Lösung ergibt sich der gewöhnliche KQ-Schätzer

$$\hat{\beta} = (X'X)^{-1}X'y \quad . \tag{2.3}$$

Dieser ist der beste lineare unverzerrte Schätzer für den Parametervektor β.[69] Unter den getroffenen Annahmen ist die Kovarianzmatrix dieses Schätzers gegeben durch

$$COV(\hat{\beta}) = \sigma^2(X'X)^{-1} \quad . \tag{2.4}$$

[67] Vgl. Fahrmeir et al. (2007), S. 62.

[68] Die Zielfunktion wird in der englischsprachigen Literatur oft mit RSS abgekürzt, was für „residual sum of squares“ steht. Dem wird in dieser Arbeit gefolgt.

[69] Vgl. Fahrmeir et al. (2007), S. 183 f.

Eine notwendige Voraussetzung zur Schätzung der Regressionskoeffizienten ist das Vorliegen von Variation in den zugehörigen Kovariablen. Ist dies nicht der Fall, kann bei der Berechnung des KQ-Schätzers (2.3) die Inverse von $X'X$ nicht bestimmt werden. Dies ist auch inhaltlich sinnvoll, da es unmöglich ist, Aussagen über die Auswirkungen einer zukünftigen Variation der Kovariablen zu treffen, wenn diese im beobachteten Zeitraum konstant gewesen ist. Die einfachste Möglichkeit zum Umgang mit diesem Problem, welche auch in dieser Arbeit verwendet wird, besteht darin, das Prognosemodell ohne die entsprechenden Kovariablen zu schätzen.

Im Rahmen von nicht- und semiparametrischen Verfahren ist es sinnvoll, den KQ-Schätzer als einen *linearen Glätter* (engl.: *linear smoother*) aufzufassen. Viele lineare Glätter können durch eine *Glättungsmatrix* repräsentiert werden, welche durch Multiplikation mit der beobachteten Zeitreihe y die geglättete Zeitreihe $\hat{y}$ liefert.[70] Im einfachen LRM ist die Glättungsmatrix mit der *Prädiktor-* bzw. *Hatmatrix* H identisch, die sich aus der Umformung

$$\hat{y} = X\hat{\beta} \tag{2.5a}$$

$$= \underbrace{X(X'X)^{-1}X'}_{H}\, y \tag{2.5b}$$

$$= Hy \tag{2.5c}$$

ergibt. Für die Anpassung werden $p+1$ *Freiheitsgrade*[71] verbraucht, was exakt dem *Rang*[72] der Hatmatrix entspricht.[73] Da es sich bei dieser Matrix um einen *orthogonalen Projektor*[74] handelt, stimmt der Rang mit der *Spur*[75] dieser Matrix überein.[76] Demnach ist die Spur der Glättungsmatrix H mit den verbrauchten Freiheitsgraden identisch.

Grundlage zur Schätzung der Fehlervarianz σ^2 sind die Residuen $\hat{\varepsilon} = y - Hy$. Im einfachen LRM beträgt die Anzahl der Residuenfreiheitsgrade

$$df_{\text{resid}} = T - sp(H) = T - (p+1) \quad , \tag{2.6}$$

[70] Vgl. Ruppert et al. (2003), S. 76.

[71] Die Anzahl der Freiheitsgrade ist die Anzahl der Beobachtungen, die bei der Berechnung einer Statistik frei variieren können, vgl. Eisenhauer (2008), S. 75 f.

[72] Der Rang einer Matrix ist die maximale Anzahl ihrer linear unabhängigen Zeilen oder Spalten. Ist der Rang einer Matrix maximal, hat diese vollen Rang. Ist der Rang nicht maximal, liegt ein Rangdefizit vor. Eine quadratische Matrix mit Rangdefizit wird als singulär, eine quadratische Matrix mit vollem Rang als nichtsingulär bezeichnet, vgl. Gentle (2007), S. 76 ff.

[73] Vgl. Fahrmeir et al. (2007), S. 345.

[74] Ein orthogonaler Projektor P ist eine quadratische Matrix, für die $P' = P$ (*Symmetrie*) und $PP = P$ (*Idempotenz*) gilt, vgl. Gentle (2007), S. 280 ff.

[75] Die Spur einer quadratischen Matrix ist die Summe der Diagonalelemente.

[76] Vgl. Gentle (2007), S. 281.

wobei $sp()$ der Spuroperator ist. Daher ist

$$\hat{\sigma}^2 = \frac{1}{df_{\text{resid}}}\,\hat{\varepsilon}'\hat{\varepsilon} = \frac{1}{T-(p+1)}\,\hat{\varepsilon}'\hat{\varepsilon} \tag{2.7}$$

ein erwartungstreuer Schätzer für σ^2.[77] Werden Residuen aus der Anpassung eines nichtparametrischen Verfahrens verwendet, muss dieser Schätzer hinsichtlich der Residuenfreiheitsgrade teilweise modifiziert werden.[78]

Bei der Verwendung von Zeitreihen im LRM müssen verschiedene Dinge beachtet werden, die bei Querschnittsdaten keine Rolle spielen. Ein Problem besteht darin, dass die Annahme der Unkorreliertheit der Fehler oft nicht aufrechterhalten werden kann. In diesem Fall sind die Koeffizientenschätzer zwar erwartungstreu, aber nicht effizient, und die unter den Standardannahmen hergeleiteten Kovarianzmatrizen der Koeffizientenschätzer sind nicht korrekt. Dies ist insbesondere dann von zentraler Bedeutung, wenn im Rahmen eines ökonometrischen Modells Hypothesen getestet werden. Für dieses Problem gibt es zwei Standardlösungen. Die erste besteht darin, weiterhin die gewöhnlichen KQ-Schätzer als Koeffizientenschätzer zu verwenden und die Kovarianzmatrixschätzer der Regressionskoeffizienten entsprechend anzupassen. Letztere werden als *autokorrelationsrobuste Kovarianzmatrixschätzer* bezeichnet. Die zweite Lösung besteht in der Verwendung des *allgemeinen linearen Regressionsmodells* (engl.: *general linear regression model*), in dessen Rahmen optimale Koeffizientenschätzer und die zugehörigen Kovarianzmatrixschätzer ermittelt werden.[79] Da die gewöhnliche KQ-Methode auch bei korrelierten Modellfehlern erwartungstreue Schätzer liefert und im Rahmen der entwickelten Prognosestrategie keine Hypothesen getestet werden, wird in dieser Arbeit stets die gewöhnliche KQ-Methode zur Koeffizientenschätzung verwendet. Ein weitaus schwerwiegenderes potentielles Problem ist die *Scheinregression* (engl.: *spurious regression*). Es kann gezeigt werden, dass die Realisationen von integrierten Prozessen hoch miteinander korreliert sein können, obwohl die zugrunde liegenden DGP völlig unabhängig voneinander sind.[80] Werden Kovariablen im LRM verwendet, welche mit der abhängigen Variablen scheinkorreliert sind, führt dies zu verzerrten und ineffizienten Schätzern.[81] Dieser Aspekt wird vor dem Hintergrund der verwendeten Daten in Abschnitt 5.3.1 nochmals aufgegriffen.

[77] Vgl. Fahrmeir et al. (2007), S. 94.
[78] Vgl. dazu Abschnitt 2.2.3.
[79] Vgl. Greene (2003), Kapitel 10.
[80] Intergrierte Prozesse werden in Abschnitt 2.4.1 erläutert.
[81] Vgl. Hamilton (1994), Abschnitt 18.3.

Zur Darstellung der Prognosen sowie für den in Kapitel 3 beschriebenen Algorithmus ist die Verwendung von Teilstichproben notwendig. Mit Hilfe der Indizes $a,b \in \{1,\cdots,T\}$ werden diese wie folgt notiert:

$$y_{(a,b)} = (y_a, y_{a+1}, \cdots, y_b)' \quad , \tag{2.8a}$$

$$X_{(a,b)} = (x_a, x_{a+1}, \cdots, x_b)' \quad , \tag{2.8b}$$

$$\hat{\beta}_{(a,b)} = \left(X'_{(a,b)}X_{(a,b)}\right)^{-1} X'_{(a,b)}y_{(a,b)} \quad . \tag{2.8c}$$

Dabei muss $(b-a) > p$ gelten, da andernfalls nicht genügend Beobachtungen in der Teilstichprobe zur Berechnung des Schätzers enthalten sind. Um gegebenenfalls die Darstellung nicht unnötig zu überfrachten, wird folgender Spezialfall dieser Notation definiert:

$$y_{(b)} = y_{(1,b)} = (y_1, y_2, \cdots, y_b)' \quad , \tag{2.9a}$$

$$X_{(b)} = X_{(1,b)} = (x_1, x_2, \cdots, x_b)' \quad , \tag{2.9b}$$

$$\hat{\beta}_{(b)} = \hat{\beta}_{(1,b)} = \left(X'_{(1,b)}X_{(1,b)}\right)^{-1} X'_{(1,b)}y_{(1,b)} \quad . \tag{2.9c}$$

Der Schätzer $\hat{\beta}_{(b)}$ ist der KQ-Schätzer, welcher auf Grundlage der ersten b Beobachtungen berechnet wird. Es gilt analog $b > p+1$.

Die Erstellung von Prognosen mit LRM ist formal unproblematisch. Ist das Modell auf Grundlage der ersten τ Beobachtungen geschätzt worden, wobei τ der Zeitpunkt der Prognoseerstellung ist, muss bei einem Prognosehorizont von h ($h \in \mathbb{N}$) für den zukünftigen Zeitpunkt $\tau + h$ der vollständige Satz von Kovariablen $x_{\tau+h}$ vorliegen. Für die Zufallsvariable $Y_{\tau+h}$ wird dieselbe linear-additive Struktur wie für das Modell (2.1) unterstellt:

$$Y_{\tau+h} = x'_{\tau+h}\beta + \varepsilon_{\tau+h} \quad . \tag{2.10}$$

Für $\varepsilon_{\tau+h}$ gelten die folgenden Annahmen:

$$\varepsilon_{\tau+h} \sim N(0,\sigma^2)\,, \tag{A3}$$

$$\varepsilon_{\tau+h} \text{ ist unabhängig von } \varepsilon\,. \tag{A4}$$

Unter diesen Annahmen ist die beste lineare unverzerrte Prognose für die zukünftige Realisation von $Y_{\tau+h}$ gegeben durch[82]

$$\hat{y}_{\tau+h|\tau} = x'_{\tau+h}\hat{\beta}_{(\tau)} \quad . \tag{2.11}$$

[82] Vgl. Fahrmeir et al. (2007), S. 103.

Die Schreibweise im Index der Prognose deutet an, dass bei der Berechnung der Prognose für den Zeitpunkt $\tau + h$ nur Informationen verwendet werden können, die bis einschließlich Zeitpunkt τ zur Verfügung stehen. Dies ist die Hauptschwierigkeit bei der Erstellung von Prognosen mit Regressionsmodellen im Zeitbereich: der Kovariablenvektor $x_{\tau+h}$ liegt bezogen auf den Zeitpunkt τ ebenfalls noch in der Zukunft. In der Literatur wird zur Differenzierung dieses Problems zwischen *gemessenen* und *vorherbestimmten Kovariablen* unterschieden. Eine vorherbestimmte und damit perfekt prognostizierbare Kovariable ist z. B. die Zeit selber, wenn diese zur Modellierung von Trendfiguren verwendet wird.[83] Bei den gemessenen Kovariablen wird weiter zwischen *kontrollierbaren* und *unkontrollierbaren Kovariablen* differenziert. Erstere sind offensichtlich besser für die Erstellung von Prognosen geeignet, da die zukünftigen Realisationen beeinflussbar sind. Unkontrollierbare Kovariablen müssen hingegen zunächst selber prognostiziert oder als Frühindikatoren verwendet werden.[84] So sind die meisten makroökonomischen Zeitreihen nicht kontrollierbar. In betriebswirtschaftlichen Anwendungen stammen die Kovariablen hingegen teilweise aus betriebswirtschaftlichen Planungsprozessen und sind daher verhältnismäßig gut steuerbar. In Abschnitt 5.1 wird dargelegt, dass dies auch für die in dieser Arbeit verwendeten Kovariablenzeitreihen gilt.

Eine Prognose ist naturgemäß mit Unsicherheit behaftet, in Abschnitt 2.3 wird dieser Sachverhalt ausführlicher diskutiert. Zur Quantifizierung dieser Unsicherheit im Rahmen des einfachen LRM kann die Prognosevarianz

$$V(\hat{y}_{\tau+h|\tau}) = \sigma^2 x'_{\tau+h}(X'_{(\tau)}X_{(\tau)})^{-1}x_{\tau+h} \tag{2.12}$$

verwendet werden, welche sich unmittelbar aus Gleichung (2.4) ergibt. In dieser spiegelt sich nur die aus der Koeffizientenschätzung resultierende Unsicherheit der Prognose wider. In der Varianz des Prognosefehlers, welche unter den obigen Annahmen durch

$$V(\hat{y}_{\tau+h|\tau} - Y_{\tau+h}) = \sigma^2 \left(1 + x'_{\tau+h}(X'_{(\tau)}X_{(\tau)})^{-1}x_{\tau+h}\right) \tag{2.13}$$

gegeben ist, ist dagegen die gesamte Unsicherheit der Prognose berücksichtigt.[85] Beide Varianzen hängen im Wesentlichen von den Ausprägungen der Kovariablen ab und unterscheiden sich nur durch die Konstante σ^2. Für die späteren Betrachtungen werden daher nur noch die Prognosevarianzen verwendet.

[83] Vgl. dazu Abschnitt 2.4.1.
[84] Vgl. Chatfield (2001), S. 119.
[85] Vgl. Fahrmeir et al. (2007), S. 121 ff.

2.2.2 Lineares Regressionsmodell mit linearen Restriktionen

Im Rahmen eines restringierten LRM können im Modell (2.1) r lineare Restriktionen der Regressionskoeffizienten in der Form $A\beta = d$ berücksichtigt werden, wobei $A \in \mathbb{R}^{r\times(p+1)}$, $d \in \mathbb{R}^{r\times 1}$ und $r \leq p$ gilt. Mit Hilfe eines restringierten LRM lässt sich z. B. Vorwissen über die Parameter eines Modells berücksichtigen, was u. a. bei hoch korrelierten Kovariablen hilfreich sein kann.[86] Auch viele Statistiken der klassischen Regressionsdiagnostik lassen sich mit Hilfe von restringierten LRM darstellen.[87] In Kapitel 4 dieser Arbeit wird der restringierte KQ-Schätzer zur Darstellung verschiedener linearer Glätter benötigt.

Der restringierte KQ-Schätzer $\hat{\beta}_{\text{restr}}$ minimiert die Zielfunktion (2.2) unter der Nebenbedingung $A\beta = d$ und ist gegeben durch

$$\hat{\beta}_{\text{restr}} = \hat{\beta} - (X'X)^{-1}A'(A(X'X)^{-1}A')^{-1}(A\hat{\beta} - d) \tag{2.14a}$$

$$= \hat{\beta} - \Delta_\beta \quad . \tag{2.14b}$$

Die Kovarianzmatrix dieses Schätzers lautet[88]

$$COV(\hat{\beta}_{\text{restr}}) = \sigma^2\left[(X'X)^{-1} - (X'X)^{-1}A'(A(X'X)^{-1}A')^{-1}A(X'X)^{-1}\right] \quad . \tag{2.15}$$

Im Rahmen eines restringierten LRM werden zur Schätzung von σ^2 die Residuen aus der entsprechenden unrestringierten Anpassung und damit der in Gleichung (2.7) gegebene Schätzer verwendet.

Im Hinblick auf die Erstellung von Prognosen ist insbesondere die Auswirkung der Restriktionen auf die Anzahl der bei der Anpassung verbrauchten Freiheitsgrade von Interesse. Diese lässt sich über den Rang der Glättungsmatrix bestimmen, welche analog zum unrestringierten LRM ermittelt wird:

$$\begin{aligned}
\hat{y} &= X\hat{\beta}_{\text{restr}} \\
&= X(\hat{\beta} - (X'X)^{-1}A'(A(X'X)^{-1}A')^{-1}(A\hat{\beta} - d)) \\
&= Hy - X(X'X)^{-1}A'(A(X'X)^{-1}A')^{-1}(A(X'X)^{-1}X'y - d)) \\
&= Hy - X(X'X)^{-1}A'(A(X'X)^{-1}A')^{-1}A(X'X)^{-1}X'y \\
&\quad - X(X'X)^{-1}A'(A(X'X)^{-1}A')^{-1}d
\end{aligned}$$

[86] Vgl. von Auer (2007), S. 499.
[87] Vgl. von Auer (2007), S. 222 ff.
[88] Vgl. von Auer (2007), S. 504.

$$
\begin{aligned}
&= \underbrace{(H - X(X'X)^{-1}A'(A(X'X)^{-1}A')^{-1}A(X'X)^{-1}X')}_{H_{\text{restr}}}y \\
&\quad - \underbrace{X(X'X)^{-1}A'(A(X'X)^{-1}A')^{-1}d}_{c} \\
&= H_{\text{restr}}y - c \quad .
\end{aligned}
$$

Bei den in dieser Arbeit verwendeten linearen Glättern, welche durch ein restringiertes LRM darstellbar sind, ist d stets ein Nullvektor.[89] Daher ist c ebenfalls ein Nullvektor und die Anpassung wird allein durch die Matrix H_{restr} bestimmt, bei der es sich um einen orthogonalen Projektor handelt.[90] Der Rang und damit die Anzahl der bei der Anpassung verbrauchten Freiheitsgrade kann wieder über die Spur bestimmt werden:

$$
\begin{aligned}
sp(H_{\text{restr}}) &= sp((H - X(X'X)^{-1}A'(A(X'X)^{-1}A')^{-1}A(X'X)^{-1}X')) \\
&= sp(H) - sp(X(X'X)^{-1}A'(A(X'X)^{-1}A')^{-1}A(X'X)^{-1}X') \\
&= p + 1 - sp((A(X'X)^{-1}A')^{-1}A(X'X)^{-1}X'X(X'X)^{-1}A') \\
&= p + 1 - sp((A(X'X)^{-1}A')^{-1}A(X'X)^{-1}A') \\
&= p + 1 - sp(I_r) \\
&= p + 1 - r \quad ,
\end{aligned}
$$

die Matrix I_r ist die $r \times r$-Einheitsmatrix. Im Vergleich zu einer unrestringierten Anpassung werden durch die Berücksichtigung der r Restriktionen demnach r Freiheitsgrade gespart.

Ist der Schätzer $\hat{\beta}_{\text{restr}}$ auf Grundlage der ersten τ Beobachtungen ermittelt, werden Prognosen analog zum gewöhnlichen LRM durch

$$
\hat{y}_{\tau+h|\tau} = x'_{\tau+h}\hat{\beta}_{\text{restr}(\tau)} \tag{2.16}
$$

berechnet, wobei weiterhin die Annahmen (A3) und (A4) gelten. Aus der Kovarianzmatrix (2.15) lässt sich die Prognosevarianz

$$
\begin{aligned}
V(\hat{y}_{\tau+h|\tau}) = \sigma^2 x'_{\tau+h} &\left[(X'_{(\tau)}X_{(\tau)})^{-1}\right. \\
&\left. - (X'_{(\tau)}X_{(\tau)})^{-1}A'(A(X'_{(\tau)}X_{(\tau)})^{-1}A')^{-1}A(X'_{(\tau)}X_{(\tau)})^{-1}\right] x_{\tau+h}
\end{aligned} \tag{2.17}
$$

ermitteln.

[89] Vgl. Abschnitte 4.4.1 und 4.4.2.
[90] Vgl. Abschnitt A.1.

2.2.3 Ridge-Regression

In Kapitel 4 wird ein nichtparametrisches Verfahren behandelt, welches strukturell mit dem Schätzer einer Ridge-Regression identisch ist. Diese Methode wurde ursprünglich von A. E. HOERL und R. KENNARD vorgeschlagen, um Probleme mit korrelierten Kovariablen zu lösen.[91] Dieses Anwendungsgebiet der Ridge-Regression wird hier jedoch nicht genauer betrachtet.[92]

Es wird weiterhin das lineare Modell (2.1) mit den zugehörigen Annahmen (A1) und (A2) unterstellt. Die Zielfunktion der Ridge-Regression lautet

$$RSS(\beta,\lambda) = (y - X\beta)'(y - X\beta) + \lambda^2\beta' D\beta \quad , \tag{2.18}$$

wobei $\lambda \geq 0$ ein *Glättungsparameter* und D eine $(p+1) \times (p+1)$-*Selektionsmatrix* ist.[93] Der Term $\lambda^2\beta' D\beta$ wird insgesamt als *Strafterm* (engl.: *roughness penalty*) bezeichnet. Je nach Verwendungszweck kann die Selektionsmatrix unterschiedlich definiert sein, die Grundform ist gegeben durch

$$D = \begin{pmatrix} 0_{1\times 1} & 0_{1\times p} \\ 0_{p\times 1} & I_p \end{pmatrix} \quad . \tag{2.19}$$

Aufgrund der Selektionsmatrix werden im Strafterm nur diejenigen Koeffizienten aus β berücksichtigt, für die eine 1 an der entsprechenden Position auf der Diagonalen der Selektionsmatrix steht. Durch den Strafterm in der Zielfunktion werden die selektierten Regressionskoeffizienten, und damit der Einfluss der entsprechenden Kovariablen, geschrumpft. Die Stärke der Schrumpfung wird durch den Glättungsparameter λ gesteuert: für $\lambda = 0$ verschwindet der Strafterm und der Ridge-Schätzer entspricht dem gewöhnlichen KQ-Schätzer. Für $\lambda \to \infty$ werden die selektierten Koeffizienten auf null geschrumpft, die Anpassung hängt dann ausschließlich von den nicht selektierten Kovariablen ab. Bei der Selektionsmatrix (2.19) ist dies z. B. die Regressionskonstante, als Anpassung ergibt sich dann der globale Mittelwert der abhängigen Variablen.

Die Minimierung der Zielfunktion (2.18) liefert bei gegebenem λ den *Ridge-Schätzer*

$$\hat{\beta}_{\text{ridge}} = (X'X + \lambda^2 D)^{-1}X'y \quad . \tag{2.20}$$

[91] Vgl. Hoerl/Kennard (1970).

[92] Vgl. hierzu z. B. Draper/Smith (1998), Kapitel 17.

[93] In der Literatur werden verschiedene Varianten der Ridge-Regression verwendet, die Darstellung hier orientiert sich an Ruppert et al. (2003), S. 65 f.

Dieser Schätzer ist bei korrelierten Kovariablen nützlich, wenn die Matrix $X'X$ nahezu singulär und aus diesem Grund numerisch nicht invertierbar ist. Durch die Addition von Konstanten zur Diagonalen dieser Matrix ist die Invertierung wieder möglich, allerdings ist der Ridge-Schätzer für die Koeffizienten des linearen Modells (2.1) nicht erwartungstreu. Da es im Rahmen von nichtparametrischen Methoden keine interpretierbaren Parameter gibt, spielt dies bei der Verwendung als nichtparametrisches Verfahren naturgemäß keine Rolle. In der nichtparametrischen Regression ist vielmehr die Wahl des Glättungsparameters λ von zentraler Bedeutung. Hierzu wird in dieser Arbeit die *Kreuzvalidierung* verwendet, welche in Abschnitt 4.3.2 vorgestellt wird.

Die Kovarianzmatrix des Ridge-Schätzers lautet

$$COV(\hat{\beta}_{\text{ridge}}) = \sigma^2(X'X + \lambda^2 D)^{-1} X'X(X'X + \lambda^2 D)^{-1} \quad . \tag{2.21}$$

Die Glättungsmatrix der Ridge-Regression ist gegeben durch

$$H_{\text{ridge}} = X(X'X + \lambda^2 D)^{-1} X' \quad , \tag{2.22}$$

welche zwar symmetrisch, aber nicht mehr idempotent ist. Dennoch wird analog zur Glättungsmatrix (2.5) im einfachen KQ-Modell die Spur der Glättungsmatrix als Anzahl der verbrauchten Freiheitsgrade interpretiert, welche in der Regel nicht ganzzahlig ist. Diese werden als *äquivalente Freiheitsgrade* bezeichnet.[94]

Zur Schätzung der Fehlervarianz σ^2 wird, wie im Rahmen des einfachen KQ-Modells, die Quadratsumme der Residuen $\hat{\varepsilon}_{\text{ridge}} = (I - H_{\text{ridge}})y$ genutzt. Dabei ist zu beachten, dass die Anzahl der Freiheitsgrade der Residuen definiert ist als

$$df_{\text{resid}} = T - 2sp(H_{\text{ridge}}) + sp(H_{\text{ridge}} H'_{\text{ridge}}) \quad . \tag{2.23}$$

Diese werden dann bei der Freiheitsgradkorrektur im Streuungsschätzer

$$\hat{\sigma}^2_{\text{ridge}} = \frac{1}{df_{\text{resid}}} \hat{\varepsilon}'_{\text{ridge}} \hat{\varepsilon}_{\text{ridge}} = \frac{1}{T - 2sp(H_{\text{ridge}}) + sp(H_{\text{ridge}} H'_{\text{ridge}})} \hat{\varepsilon}'_{\text{ridge}} \hat{\varepsilon}_{\text{ridge}} \tag{2.24}$$

verwendet.[95]

[94] Vgl. Ruppert et al. (2003), S. 80 ff.
[95] Vgl. Ruppert et al. (2003), S. 82 ff.

Wird der Schätzer $\hat{\beta}_{\text{ridge}}$ auf Grundlage der ersten τ Beobachtungen geschätzt, kann analog zum einfachen LRM bei gegebenem Kovariablenvektor $x_{\tau+h}$ die Prognose

$$\hat{y}_{\tau+h|\tau} = x'_{\tau+h}\hat{\beta}_{\text{ridge}(\tau)} \tag{2.25}$$

berechnet werden. Unter den Annahmen (A3) und (A4) ist die Prognosevarianz gegeben durch

$$V(\hat{y}_{\tau+h|\tau}) = \sigma^2 x'_{\tau+h}(X'_{(\tau)}X_{(\tau)} + \lambda^2 D)^{-1}X'_{(\tau)}X_{(\tau)}(X'_{(\tau)}X_{(\tau)} + \lambda^2 D)^{-1}x_{\tau+h} \quad . \tag{2.26}$$

2.3 Modellkomplexität und Sparsamkeitsprinzip

Die Komplexität eines statistischen Modells wird anhand der Anzahl der verbrauchten Freiheitsgrade gemessen: je mehr Freiheitsgrade bei einer gegebenen Anzahl von Beobachtungen für die Anpassung eines Modells verbraucht werden, desto komplexer ist das Modell.[96] Ist ein Modell im Vergleich zur Anzahl der vorhandenen Beobachtungen zu komplex, wird dies als *Überanpassung* (engl.: *overfitting*) bezeichnet. In überangepassten Modellen haben zufällige Schwankungen und Ausreißer ein zu großes Gewicht, wodurch gegebenenfalls vorhandene systematische Strukturen unentdeckt bleiben können. Prognosen, welche auf Grundlage von überangepassten Modellen erstellt werden, sind im Allgemeinen von geringer Güte.[97] In der gesamten nicht- und semiparametrischen Statistik spielt die Vermeidung von Überanpassung eine zentrale Rolle.[98] Daher wird dieser Sachverhalt im Folgenden zunächst genauer betrachtet. Des Weiteren sind die Ausführungen Grundlage der Diskussion in Kapitel 4.

Es wird ein Modell mit einem unbestimmten funktionalen Zusammenhang zwischen der abhängigen Variable und den Kovariablen unterstellt:

$$Y = f(X) + \varepsilon \quad . \tag{2.27}$$

Für ε gilt die Annahme (A2), der Erwartungswert von Y ist $\mu_Y = f(X)$. Im einfachen LRM (2.1) ist f global linear und additiv. Auf Grundlage der Lernstichprobe, welche bei Zeitreihen die ersten τ Beobachtungen umfasst, wird f durch $\hat{f}_{(\tau)}$ geschätzt. Im einfachen LRM hängt f nur von den Regressionskoeffizienten ab, deren Schätzung dann $\hat{f}_{(\tau)}$ liefert. In der allgemeinen Betrachtung ist der Schätzer $\hat{f}_{(\tau)}$ nicht notwendigerweise erwartungstreu für den wahren funktionalen Zusammenhang f. Der Erwartungswert des Schätzers wird als $\mu_{\hat{f}_{(\tau)}}$ bezeichnet. Fehlen

[96] Vgl. Hastie et al. (2009), S. 219 ff.
[97] Vgl. Hawkins (2004), S. 1 f.
[98] Vgl. Ruppert et al. (2003), S. 62 ff.

z. B. im einfachen LRM relevante Kovariablen, ist $\hat{\beta}$ im Allgemeinen nicht mehr erwartungstreu (engl.: *omitted-variable bias*).[99] Die auf diesem Schätzer beruhenden Prognosen sind dann ebenfalls verzerrt.

Für eine h-Schritt-Prognose wird das Modell (2.27) auf Basis der ersten τ Beobachtungen geschätzt, für die Zufallsvariable $Y_{\tau+h}$ wird mit

$$Y_{\tau+h} = f(x_{\tau+h}) + \varepsilon_{\tau+h} \tag{2.28}$$

dieselbe Struktur wie in Modell (2.27) angenommen. Für $\varepsilon_{\tau+h}$ gelten die Annahmen (A3) und (A4), somit gilt:

$$\begin{aligned} E(Y_{\tau+h}) &= \mu_{Y_{\tau+h}} = f(x_{\tau+h}) \quad , \\ V(Y_{\tau+h}) &= V(\varepsilon_{\tau+h}) = \sigma^2 \quad . \end{aligned}$$

Liegt der Schätzer $\hat{f}_{(\tau)}$ vor, kann die h-Schritt-Prognose bei gegebenem Kovariablenvektor $x_{\tau+h}$ durch

$$\hat{y}_{\tau+h|\tau} = \hat{f}_{(\tau)}(x_{\tau+h}) \tag{2.29}$$

berechnet werden. Für das einfache LRM entspricht dies (2.11). Die *Verzerrung* (engl.: *bias*) der Prognose ist gegeben durch die Differenz des Erwartungswertes von $Y_{\tau+h}$ und dem Erwartungswert des Schätzers:

$$\mathit{Bias} = \mu_{Y_{\tau+h}} - \mu_{\hat{f}_{(\tau)}(x_{\tau+h})} \quad . \tag{2.30}$$

Die *erwartete quadratische Abweichung* (engl: *mean squared error, MSE*) der Prognose (2.29) lässt sich in

$$\mathit{MSE} = E\left[\left(\mu_{Y_{\tau+h}} - \hat{f}_{(\tau)}(x_{\tau+h})\right)^2\right] \tag{2.31a}$$

$$= \mathit{Bias}^2 + V\left(\hat{f}_{(\tau)}(x_{\tau+h})\right) \tag{2.31b}$$

zerlegen. Mit Hilfe dieser Zerlegung und den Annahmen (A3) und (A4) lässt sich der *erwartete quadrierte Prognosefehler* (engl.: *mean squared prediction error, MSPE*) der Prognose (2.29)

[99] Vgl. Greene (2003), S. 148 f.

als

$$MSPE = E\left[\left(Y_{\tau+h} - \hat{f}_{(\tau)}(x_{\tau+h})\right)^2\right] \tag{2.32a}$$
$$= \sigma^2 + Bias^2 + V\left(\hat{f}_{(\tau)}(x_{\tau+h})\right) \tag{2.32b}$$

schreiben. Der erste Summand ist der irreduzible Prognosefehler, welcher aus der Streuung der zukünftigen Zufallsvariable $Y_{\tau+h}$ resultiert und durch die Wahl des Modells nicht beeinflusst werden kann. Dieser Fehler würde selbst dann noch auftreten, wenn die wahre Funktion $f(X)$ bekannt wäre. Der zweite Summand ist die quadrierte Verzerrung, welche mit zunehmender Komplexität des verwendeten Modells im Allgemeinen geringer wird. Der dritte Summand ist die Varianz der Schätzung, welche mit zunehmender Komplexität des verwendeten Modells im Allgemeinen zunimmt.[100]

Daraus folgt, dass im Allgemeinen die Anpassungsgüte durch die Erhöhung der Komplexität des verwendeten Modells immer gesteigert werden kann, die Prognosegüte ab einem bestimmten Komplexitätsgrad jedoch wieder abnimmt. Dies liegt daran, dass mit jedem zusätzlich verbrauchten Freiheitsgrad die Schätzgenauigkeit der Modellparameter abnimmt. Überwiegt die zusätzliche Schätzungenauigkeit den Erklärungskraftgewinn durch den zusätzlich verbrauchten Freiheitsgrad, sinkt die Prognosegüte wieder. Für optimale Prognoseresultate ist demnach der Komplexitätsgrad des Modells so zu wählen, dass Verzerrung und Varianz in einem optimalen Verhältnis zueinander stehen. Diese Abwägung wird als *Bias-Varianz-Tradeoff* (engl.: *bias-variance tradeoff*) bezeichnet.[101]

Aus diesem Grund sollte ein statistisches Modell nur so komplex wie unbedingt nötig sein.[102] Dies gilt insbesondere dann, wenn es zu Prognosezwecken eingesetzt wird.[103] Dieses fundamentale Prinzip wird als *Sparsamkeitsprinzip* (engl.: *principal of parsimony*) oder *Ockham's Razor* bezeichnet. Die zweite Bezeichnung geht auf den Franziskanermönch WILHELM VON OCKHAM (1285–1347/49) zurück, der dieses Prinzip in seinen Arbeiten intensiv nutzte. Das Sparsamkeitsprinzip ist ein grundlegendes philosophisches Prinzip und nicht auf statistische Modelle beschränkt. In seiner allgemeinsten Form besagt es, dass bei zwei vorliegenden Erklärungen für ein Phänomen immer die einfachere von beiden vorzuziehen ist.[104]

[100] Vgl. Hastie et al. (2009), S. 223, Fahrmeir et al. (2007), S. 157 ff und Abschnitt A.2.
[101] Vgl. Hastie et al. (2009), S. 37 f. und Fahrmeir et al. (2007), S. 157 ff.
[102] Vgl. Hawkins (2004), S. 1.
[103] Vgl. Blumer et al. (1987), S. 378.
[104] Vgl. Encyclopædia Britannica (2010), Stichwort *Ockham's razor*.

2.4 Box-Jenkins-Methode

Die *Box-Jenkins-Methode* ist eine von Box und Jenkins vorgeschlagene Strategie zur Modellierung und Prognose von Zeitreihen. Die Box-Jenkins-Methode ist zum einen Grundlage der Diskussion in Abschnitt 2.5, zum anderen wird in Abschnitt 5.3 der in dieser Arbeit entwickelte Ansatz in diese Strategie eingeordnet. In Abschnitt 2.4.1 wird mit dem *Komponentenmodell* zunächst ein Basiskonzept erläutert, welches der Box-Jenkins-Methode zugrunde liegt. Den Kern der Methode stellen die in Abschnitt 2.4.2 beschriebenen *Box-Jenkins-Modelle* dar. In Abschnitt 2.4.3 wird der gesamte Ablauf der Modellierung zusammenhängend dargestellt.

2.4.1 Komponentenmodell

Ein Basiskonzept, an dem sich nicht nur die Box-Jenkins-Methode, sondern auch viele weitere univariate Zeitreihenverfahren orientieren, ist das *Komponentenmodell*. Dieses besagt, dass sich ein DGP aus mehreren Komponenten zusammensetzt und ist motiviert durch die Tatsache, dass in vielen Zeitreihen entsprechende Komponenten beobachtet werden können. Das Komponentenmodell ist z. B. auch Grundlage aller Dekompositionsverfahren, welche in der amtlichen Statistik von großer Bedeutung sind.[105] Üblicherweise wird zwischen den folgenden Komponenten unterschieden:[106]

1. *Trend* - Systematische, langfristige Veränderung des mittleren Niveaus.

2. *Saison* - Zyklische Schwankungen, die innerhalb von Zeiträumen konstanter Länge auftreten. Diese Zeiträume werden als Saisonzyklen bezeichnet.[107]

3. *Konjunktur* - Zyklische Schwankungen, deren Zyklus sich über mehrere Saisonzyklen erstreckt und deren Zyklen unterschiedlich lang sein können.

4. *Restkomponente* - Alle Einflüsse, die nicht einer der drei genannten Komponenten zugeordnet werden können. Dies beinhaltet auch ein gegebenenfalls vorhandenes Grundniveau.

[105] Vgl. Ghysels/Osborn (2001), S. 63 ff.

[106] Vgl. Schlittgen/Streitberg (1999), S. 9 und Chatfield (2001), S. 13.

[107] Die Länge eines Saisonzyklus wird als *Frequenz* bezeichnet und die Positionen der Beobachtungen innerhalb eines Saisonzyklus als *Perioden*. Bei Monatsdaten ist der Saisonzyklus z. B. ein Jahr, die Frequenz beträgt 12 und die einzelnen Monate sind die Perioden.

Die Komponenten können auf verschiedene Arten miteinander verknüpft sein, wobei rein multiplikative oder rein additive Verknüpfungen die größte Bedeutung haben. Eine rein multiplikative Verknüpfung kann durch Logarithmieren in eine rein additive Verknüpfung überführt werden, letztere ist daher von zentraler Bedeutung.[108] Die Identifikation der Saison- und Konjunkturkomponente ist nur möglich, wenn die Zeitreihen länger als die jeweiligen Zyklen sind. Die Beschreibung der Konjunktur ist aus diesem Grund in praktischen Anwendungen meist besonders problematisch, weil die vorhandenen Zeitreihen oft zu kurz sind. In diesem Fall wird die Konjunktur zusammen mit dem Trend modelliert und die vereinigte Komponente wird als glatte Komponente oder Trend-Zyklus-Komponente bezeichnet.[109] Da Zeitreihen aus betriebswirtschaftlichen Problemstellungen oft nur für wenige Jahre vorliegen, wird auch in dieser Arbeit die Konjunkturkomponente nicht explizit berücksichtigt.[110] Im Folgenden ist daher mit Trend stets die Trend-Zyklus-Komponente gemeint.

Ist ein Trend oder eine Saisonfigur in einem DGP bzw. einer daraus resultierenden Zeitreihe vorhanden, so verändert sich die *Mittelwertstruktur* des Prozesses systematisch mit der Zeit und der Prozess ist nicht mittelwertstationär. Liegt in einem multivariaten Zeitreihenmodell ein systematischer Zusammenhang zwischen der erklärten Zeitreihe und den Kovariablen vor, so können auch diese systematisch die Mittelwertstruktur der erklärten Zeitreihe beeinflussen. Abhängig vom zugrunde liegenden DGP, können die in der Zeitreihe beobachtbaren Trend- oder Saisonfiguren entweder konstant sein oder sich über die Zeit hinweg zufällig ändern. In der Zeitreihenliteratur werden dazu die Begriffe *deterministisch* und *stochastisch* verwendet, wobei es für diese keine einheitlichen Definitionen gibt.[111] Ein Definitionsansatz kann an den Prognosefehler gekoppelt werden: rein deterministische Komponenten lassen sich bei Kenntnis der wahren Parameter exakt und damit ohne Fehler prognostizieren, alle anderen Komponenten sind dann stochastischer Natur.[112] Des Weiteren gibt es DGP, bei denen sich die Trend- bzw. Saisonfigur sowohl aus stochastischen als auch deterministischen Anteilen zusammensetzt. Zur Verdeutlichung dieser drei Fälle werden hier drei klassische Beispiele hinsichtlich des Trends herangezogen:

- *Prozess mit linearem Trend*

$$Y_t = \beta_0 + \beta_1 t + \varepsilon_t \quad \text{für} \quad t = 1, \cdots, T \quad ,$$

[108] Vgl. Schlittgen/Streitberg (1999), S. 11.
[109] Vgl. Schlittgen/Streitberg (1999), S. 9 und Makridakis et al. (1998), S. 25.
[110] Vgl. Abschnitt 1.1.
[111] Vgl. Cryer/Chan (2008), S. 27.
[112] Vgl. Chatfield (2001), S. 24. Eine Definition, welche sich auf stationäre Prozesse bezieht, ist bei Schlittgen/Streitberg (1999), S. 201 zu finden.

mit $\varepsilon_t \sim \mathcal{WR}$ und den konstanten Geradenparametern β_0, β_1. Realisationen dieses Prozesses haben einen typischen deterministischen Trendverlauf.

- *Random Walk*

$$Y_t = Y_{t-1} + \varepsilon_t = \sum_{i=1}^{t} \varepsilon_i \quad \text{für} \quad t = 1, \cdots, T \quad ,$$

mit $\varepsilon_t \sim \mathcal{WR}$ und der Anfangsbedingung $Y_0 = 0$. Realisationen dieses Prozesses weisen regelmäßig lokal stabile Trendfiguren unterschiedlicher Länge und Steigung auf und sind das klassische Beispiel für stochastische Trends.

- *Random Walk mit Drift*

$$Y_t = \beta_1 + Y_{t-1} + \varepsilon_t = \beta_1 t + \sum_{i=1}^{t} \varepsilon_i \quad \text{für} \quad t = 1, \cdots, T \quad ,$$

mit $\varepsilon_t \sim \mathcal{WR}$, dem Steigungsparameter β_1 und der Anfangsbedingung $Y_0 = 0$. Realisationen dieses Prozesses haben Trendfiguren, welche sowohl deterministische als auch stochastische Charakteristika aufweisen.

In Abbildung 2.3 ist für diese drei Prozesse jeweils eine Realisation der Länge 200 dargestellt, in der sich die genannten Charakteristiken gut erkennen lassen.

Bei der Anpassung von parametrischen Modellen ist die Unterscheidung, ob die in einer Zeitreihe beobachtbaren Komponenten deterministischer oder stochastischer Natur sind, für die Modellierung und die daraus resultierende Art der Prognoseerstellung von zentraler Bedeutung. Auch die ökonometrische Interpretation der Modelle ist völlig unterschiedlich, dies spielt bei der Auswertung von Massendaten jedoch keine Rolle und wird daher hier nicht weiter besprochen.[113] Die Modellierung einer deterministischen Trendkomponente erfolgt üblicherweise durch eine einfache Funktion der Zeit, meist ein *Trendpolynom* niedriger Ordnung. Es können aber auch andere stetig-differenzierbare Funktionen verwendet werden, z. B. die logistische Funktion zur Beschreibung von Wachstumsprozessen.[114] Eine deterministische Saisonkomponente wird üblicherweise mit *saisonalen Dummyvariablen* oder durch *Winkelfunktionen* beschrieben.[115] In vielen Fällen kann die Methode der kleinsten Quadrate zur Schätzung der verschiedenen Funktionen verwendet werden. Die Residuen aus der Anpassung der deterministischen Trend- bzw. Saisonmodelle werden dann als stationäre Restkomponente weiterverwen-

[113] Zu Interpretationsaspekten vgl. Kirchgässner/Wolters (2007), S. 191 ff.
[114] Vgl. Chatfield (2001), S. 53.
[115] Vgl. Cryer/Chan (2008), S. 32 ff.

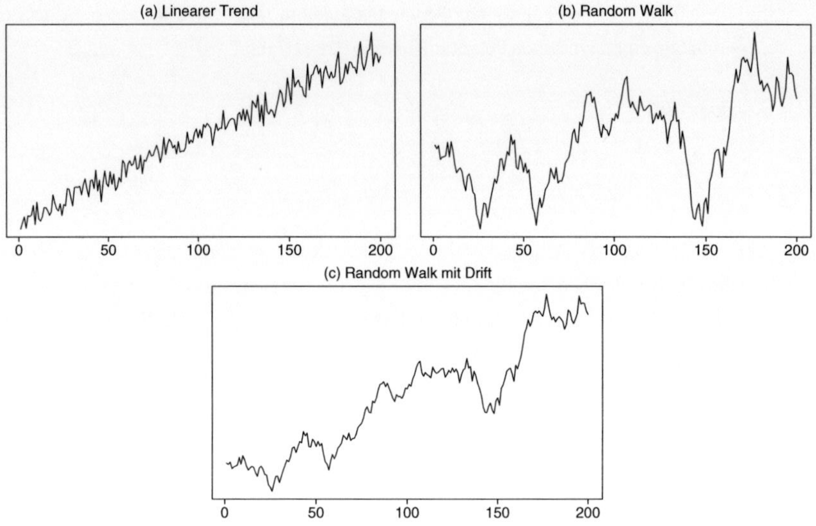

Abbildung 2.3: Realisationen stochastischer Prozesse

det.[116] Zeitreihen, die sich durch Anwendung von deterministischen Verfahren angemessen in eine stationäre Form bringen lassen, werden in der ökonometrischen Literatur als *trendstationär* bezeichnet. Die Prognose der Mittelwertstruktur der Zeitreihe erfolgt dann durch Fortschreibung der geschätzten deterministischen Funktionen.

Enthält eine Zeitreihe eine stochastische Trend- oder Saisonkomponente, kann diese durch die Anwendung von passenden *Differenzenfiltern* entfernt werden.[117] Solche Zeitreihen werden daher als *differenzenstationär* bezeichnet.[118] Eine präzisere Spezifizierung differenzenstationärer DGP ist durch die Angabe der *Integrationsordnung* möglich. Ein DGP, der durch d-malige Anwendung eines Differenzenfilters in einen stationären Zustand überführt werden kann, wird als *integriert mit Ordnung d* oder kurz als *I(d)-Prozess* bezeichnet.[119] Die Prognose von differenzenstationären Prozessen erfolgt im Rahmen der Box-Jenkins-Modelle, welche in Abschnitt 2.4.2 besprochen werden.

Die Anwendung von deterministischen Bereinigungsmethoden auf stochastische Komponenten bzw. von Differenzenfiltern auf deterministische Komponenten führt zu statistischen Artefakten

[116]Vgl. Cowpertwait/Metcalfe (2009), S. 122.
[117]Vgl. Abschnitt 2.4.2.
[118]Vgl. Chatfield (2001), S. 48.
[119]Vgl. Kirchgässner/Wolters (2007), S. 157 f.

und ist zu vermeiden.[120] Auch die Art der Prognoseerstellung unterscheidet sich in den beiden Fällen grundlegend voneinander.[121] Vor der Anpassung eines parametrischen Modells an eine trend- und saisonbehaftete Zeitreihe muss daher zunächst die Natur der Komponenten ermittelt werden.[122] Dazu werden in der Praxis *Einheitswurzel- und Stationaritätstests* genutzt, daneben existieren aber auch grafische Methoden, denen keine formale Testprozedur zugrunde liegt.[123] In Abschnitt 2.5 wird erläutert, dass die Anwendung von Einheitswurzel- und Stationaritätstests mit diversen Schwierigkeiten verbunden ist, die deren automatisierte Anwendung auf betriebswirtschafliche Massendaten ausschließt.

2.4.2 Box-Jenkins-Modelle

Das Kernelement der Box-Jenkins-Methode sind ARMA-Modelle und deren Erweiterungen, die zusammenfassend als Box-Jenkins-Modelle bezeichnet werden. Die Box-Jenkins-Modelle sind zur Modellierung und Prognose von schwach stationären Zeitreihen konzipiert. Vor der Anpassung eines solchen Modells muss eine Zeitreihe durch geeignete Prozeduren zunächst in einen stationären Zustand überführt werden. Die Anpassung eines Box-Jenkins-Modells umfasst die Schritte Modellidentifikation, Parameterschätzung und Modelldiagnose, wobei die einzelnen Schritte iterativ für verschiedene in Frage kommende Modelle durchlaufen werden. Ist das optimale Modell identifiziert und sind dessen Parameter geschätzt worden, kann es anschließend zur Erstellung von Prognosen verwendet werden.[124] Auf eine detaillierte Darstellung der einzelnen Anpassungsschritte kann hier verzichtet werden, lediglich die Parameterschätzung wird im Folgenden kurz angesprochen.[125]

Grundbaustein aller Box-Jenkins-Modelle ist das ARMA-Modell. Ein ARMA-Modell der Ordnung p,q oder kurz ARMA(p,q)-Modell ist definiert als

$$Y_t = \phi_1 Y_{t-1} + \phi_2 Y_{t-2} + \cdots + \phi_p Y_{t-p} + \varepsilon_t - \theta_1 \varepsilon_{t-1} - \theta_2 \varepsilon_{t-2} - \cdots - \theta_q \varepsilon_{t-q} \quad , \tag{2.33}$$

wobei die $\varepsilon_t(\forall t)$ aus einem Weißen Rauschen stammen.[126] Da ε_t die einzige neue Information

[120] Vgl. Enders (1995), S. 176 ff.
[121] Vgl. Hamilton (1994), S. 438 ff.
[122] Vgl. Wolters/Hassler (2006), S. 41.
[123] Vgl. Kirchgässner/Wolters (2007), S. 163 ff.
[124] Vgl. Box et al. (2008), S. 16 ff.
[125] Die Anpassung von Box-Jenkins-Modellen wird in allen Lehrbüchern der Zeitreihenstatistik erläutert, vgl. z. B. Box et al. (2008). Auch auf Strategien zur automatisierten Anpassung dieser Modelle wird nicht näher eingegangen, vgl. hierzu Gómez/Maravall (2001) und Mélard/Pasteels (2000). Die Implementierung eines automatisierten Verfahrens ist in Hyndman/Khandakar (2008) beschrieben.
[126] Vgl. Box et al. (2008), S. 79.

ist, die zum Zeitpunkt t in den Prozess eingeht, werden die ε_t auch als *Innovationen* bezeichnet. Die Parameter der ARMA-Modelle müssen bestimmte Restriktionen erfüllen, damit die Modelle *schwach stationär*, *kausal* und *invertierbar* sind.[127] Mit Hilfe des *Lagoperators* L und den darauf beruhenden *Lagpolynomen*[128]

$$\begin{aligned} \phi(L) &= 1 - \phi_1 L - \phi_2 L^2 - \cdots - \phi_p L^p \quad \text{und} \\ \theta(L) &= 1 - \theta_1 L - \theta_2 L^2 - \cdots - \theta_q L^q \end{aligned}$$

kann das Modell (2.33) kompakt geschrieben werden als

$$\phi(L) Y_t = \theta(L) \varepsilon_t \quad . \tag{2.34}$$

Die Parameter können mit verschiedenen Verfahren geschätzt werden. Die Schätzung von MA-Parametern ist im Vergleich zur Schätzung der AR-Parameter schwieriger, da es für die Innovationen kein direktes empirisches Gegenstück gibt und daher immer zunächst Approximationen für diese berechnet werden müssen. In diesem Fall erfolgt die Parameterschätzung stets in mehreren Schritten. In reinen AR(p)-Modellen können die Koeffizienten $\phi = (\phi_1, \cdots, \phi_p)'$ mit der KQ-Methode geschätzt werden, wobei gilt

$$\begin{aligned} y &= (y_{p+1}, \cdots, y_T)' \quad , \\ x_t &= (y_t, y_{t-1}, \cdots, y_{t-p})' \quad \text{mit} \quad t = p+1, \cdots, T \quad , \\ X &= (x_{p+1}, \cdots, x_T)' \quad . \end{aligned}$$

Die ersten p Beobachtungen der Zeitreihe werden im Rahmen des Schätzmodells nicht als Realisationen von Zufallsvariablen, sondern als deterministisch betrachtet. Diese p Beobachtungen bedingen dann die übrigen Zufallsvariablen des Prozesses. Dieses Schätzverfahren wird daher als *bedingte KQ-Methode* bezeichnet.[129]

Bei saisonalen Prozessen ist es oft sinnvoll, nicht nur unmittelbar vorangehende Zufallsvariablen bzw. Innovationen im Modell zu berücksichtigen, sondern auch solche, die aus den entsprechenden Perioden der vorangegangenen Saisonzyklen stammen. Diese Modelle werden als *saisonale ARMA-Modelle* oder kurz als *SARMA-Modelle* bezeichnet.[130] Ist s die Frequenz des

[127] Eine kompakte Erläuterung dieser Eigenschaften und der entsprechenden Bedingungen findet sich in Chatfield (2001), S. 40 ff.

[128] Der Lagoperator L bewirkt eine Reduzierung des Zeitindizes eines Objektes um eine Einheit, z. B. $LY_t = Y_{t-1}$. Die i-fache Ausführung auf dasselbe Objekt bewirkt eine Verschiebung um i Zeiteinheiten und wird als Potenz von L notiert. Für weitere Details zum Lagoperator und zu Lagpolynomen vgl. Enders (1995), S. 45 ff.

[129] Zur Parameterschätzung in ARMA-Modellen vgl. Hamilton (1994), Kapitel 5 und Box et al. (2008), Kapitel 7.

[130] Alle folgenden Ausführungen zu saisonalen ARMA-und ARIMA-Modellen beruhen auf Box et al. (2008), S. 353 ff.

Saisonzyklus, dann kann mit den Lagpolynomen

$$\Phi(L^s) = 1 - \Phi_1 L^s - \Phi_2 L^{2s} - \cdots - \Phi_P L^{Ps} \quad \text{und}$$
$$\Theta(L^s) = 1 - \Theta_1 L^s - \Theta_2 L^{2s} - \cdots - \Theta_Q L^{Qs}$$

das multiplikative SARMA$(p,q)(P,Q)_s$-Modell geschrieben werden als

$$\Phi(L^s)\phi(L)Y_t = \Theta(L^s)\theta(L)\varepsilon_t \quad . \tag{2.35}$$

Ein SARMA-Modell ist nur zur Modellierung einer schwach stationären Zeitreihe geeignet. Ist die Zeitreihe aufgrund einer vorhandenen deterministischen oder stochastischen Saisonkomponente nicht stationär, kann erst nach einer Saisonbereinigung ein solches Modell angepasst werden. Es ist zu beachten, dass durch den multiplikativen Charakter Kreuzprodukte entstehen. Wird z. B. ein SARMA$(1,0)(1,0)_s$-Modell ausgeschrieben, ergibt sich

$$Y_t = \phi_1 Y_{t-1} + \Phi_1 Y_{t-s} + \phi_1 \Phi_1 Y_{t-s-1} + \varepsilon_t \quad . \tag{2.36}$$

Hier wird ein Parameter und damit ein Freiheitsgrad eingespart, da das Produkt von ϕ_1 und Φ_1 als autoregressiver Parameter von Y_{t-s-1} verwendet wird. Kann dieser Parameter frei variieren, handelt es sich um ein additives Modell mit drei Parametern. Die multiplikative Form erlaubt somit eine sparsamere Modellierung, dafür müssen dann allerdings bei der Parameterschätzung nichtlineare Verfahren verwendet werden.

Bei differenzenstationären DGP können die Differenzenfilter direkt im SARMA-Modell berücksichtigt werden. Der einfache bzw. saisonale Differenzenfilter ist definiert als

$$\Delta^d = (1 - L)^d \quad \text{bzw.} \tag{2.37a}$$
$$\Delta_s^D = (1 - L^s)^D \quad , \tag{2.37b}$$

wobei die Parameter $d,D \in \mathbb{N}_0$ als Ordnung der jeweiligen Differenzenfilter bezeichnet werden. Die um die Differenzenfilter erweiterten Modelle werden als *integrierte SARMA-Modelle* oder kurz als *SARIMA-Modelle* bezeichnet. Ein SARIMA$(p,d,q)(P,D,Q)_s$-Modell ist gegeben durch:

$$\Phi(L^s)\phi(L)(1 - L)^d(1 - L^s)^D Y_t = \Theta(L^s)\theta(L)\varepsilon_t \quad . \tag{2.38}$$

Bei der Erstellung von Prognosen ist der bedingte Erwartungswert der Innovationen

$$E(\varepsilon_{\tau+h}|\text{ Informationsmenge zum Zeitpunkt } \tau) = \begin{cases} \varepsilon_{\tau+h} & h \leq 0 \\ 0 & h > 0 \end{cases} \quad (2.39)$$

von zentraler Bedeutung. Gemessen am *erwarteten quadrierten Prognosefehler* ergibt sich daraus unmittelbar die optimale h-Schritt-Prognose für alle Box-Jenkins-Modelle. Diese ist mit dem bedingten Erwartungswert

$$\hat{y}_{\tau+h|\tau} = E(Y_{\tau+h}|\text{ Informationsmenge zum Zeitpunkt } \tau) \quad (2.40)$$

identisch. Für ein gegebenes Modell kann sofort eine optimale Prognose mit beliebigem Prognosehorizont angegeben werden. Charakteristisch für Prognosen von nicht integrierten Box-Jenkins-Modellen ist, dass diese mit zunehmendem Prognosehorizont gegen den unbedingten Erwartungswert des Prozesses konvergieren.[131]

Ein wichtiger Spezialfall ist die Prognose eines ARIMA(0,1,0)-Modells, dessen Prozessdefinition durch

$$\begin{aligned} & \Delta Y_t = \varepsilon_t \\ \Leftrightarrow \quad & Y_t = Y_{t-1} + \varepsilon_t \end{aligned}$$

gegeben ist. Die Anwendung der Prognosevorschrift (2.40) liefert für die ersten drei Prognosehorizonte:

$$\begin{aligned} E[Y_{\tau+1}|\tau] &= E[Y_\tau + \varepsilon_{\tau+1}|\tau] = Y_\tau \quad , \\ E[Y_{\tau+2}|\tau] &= E[Y_{\tau+1} + \varepsilon_{\tau+2}|\tau] = E[Y_{\tau+1}|\tau] = Y_\tau \quad , \\ E[Y_{\tau+3}|\tau] &= E[Y_{\tau+2} + \varepsilon_{\tau+3}|\tau] = E[Y_{\tau+2}|\tau] = Y_\tau \quad . \end{aligned}$$

Dieses Schema setzt sich für größere Prognosehorizonte fort, die optimale h-Schritt-Prognose ist also stets mit der letzten Beobachtung identisch. Die Prognose dieses Modells wird daher auch als *naive Prognose* bezeichnet und in vergleichenden Untersuchungen oft als Bezugsgröße verwendet.[132]

[131] Vgl. Kirchgässner/Wolters (2007), S. 75 ff.
[132] Vgl. Makridakis/Hibon (2000), S. 457.

2.4.3 Gesamtablauf

Der gesamte Ablauf der klassischen Box-Jenkins-Methode ist in Abbildung 2.4 schematisch dargestellt. Vor der Anpassung eines Box-Jenkins-Modells muss die zu modellierende Zeitreihe in einen stationären Zustand überführt werden. Der erste Schritt besteht in der Untersuchung der *Streuungsstruktur*. Ist die Zeitreihe nicht varianzstationär, kann in vielen Fällen durch eine *Box-Cox-Transformation* Varianzstationarität hergestellt werden.[133] Im Anschluss wird die Mittelwertstruktur der Zeitreihe analysiert. Ist eine Trend- oder Saisonkomponente vorhanden, wird mit Hilfe von Einheitswurzel- und Stationaritätstests ermittelt, ob es sich bei diesen um deterministische oder stochastische Komponenten handelt.[134] Anschließend werden diese Komponenten mit den entsprechenden in Abschnitt 2.4.1 genannten Verfahren aus der Zeitreihe entfernt. Die stationäre Restkomponente wird abschließend durch ein Box-Jenkins-Modell modelliert.

Eine Prognose wird in Abhängigkeit von der deterministischen oder stochastischen Natur der Komponenten berechnet. Deterministische Komponenten werden durch Fortschreibung der geschätzten Funktionen in die Zukunft und die Restkomponente auf Basis eines Box-Jenkins-Modells prognostiziert. Die Summe der einzelnen Prognosen ist die Gesamtprognose. Stochastische Komponenten werden direkt im Rahmen der integrierten Box-Jenkins-Modelle prognostiziert. Ist zuvor eine Box-Cox-Transformation zur Varianzstabilisierung durchgeführt worden, muss die in die ursprüngliche Skala zurücktransformierte Prognose gegebenenfalls noch um eine Verzerrung korrigiert werden.[135]

Bei der hier geschilderten Vorgehensweise bleiben sowohl Kovariablen- als auch Ausreißereffekte unberücksichtigt. Die Berücksichtigung solcher Effekte ist durch Erweiterungen der Box-Jenkins-Modelle prinzipiell möglich, allerdings sind diese Verfahren aufwändig und daher für die automatische Modellierung und Prognose von betriebswirtschaftlichen Massendaten wenig geeignet. In Abschnitt 5.3 wird der in dieser Arbeit verfolgte Ansatz zum Umgang mit diesen Effekten ausführlich erläutert.

[133] Vgl. Chatfield (2001), S. 16 f, Schlittgen/Streitberg (1999), S. 102 ff und Venables/Ripley (2002), S. 170 f.
[134] Vgl. Kirchgässner/Wolters (2007), Kapitel 5 und die Ausführungen in Abschnitt 2.4.1.
[135] Vgl. Cowpertwait/Metcalfe (2009), S. 115 ff.

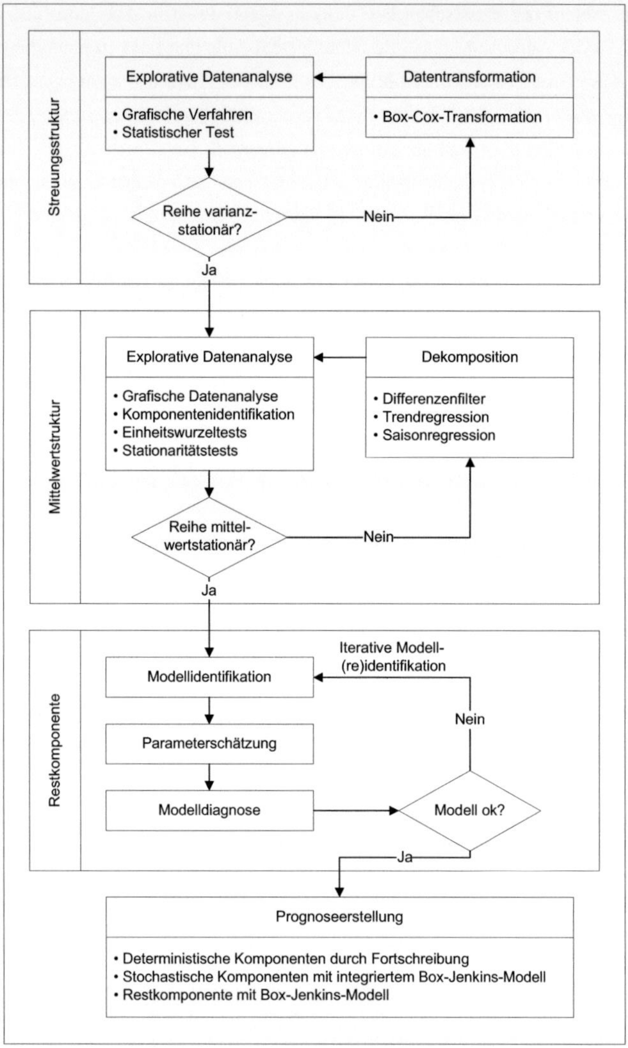

Abbildung 2.4: Ablaufschema der klassischen Box-Jenkins-Methode

2.5 Motivation zur Verwendung semiparametrischer Methoden

In diesem Abschnitt wird dargelegt, weshalb der klassische Box-Jenkins-Ansatz für die Modellierung und Prognose von betriebswirtschaftlichen Massendaten ungeeignet ist. Dies ist auf die Besonderheiten von Zeitreihen aus dem betriebswirtschaftlichen Bereich zurückzuführen. Insbesondere die vergleichsweise hohe Frequenz und die kurzen Beobachtungszeiträume von solchen Zeitreihen sowie die Notwendigkeit einer automatischen Modellierung bei Massendaten sind hierbei von zentraler Bedeutung. Für die Untauglichkeit des Box-Jenkins-Ansatzes gibt es zwei wesentliche Gründe. Zum einen sind die Verfahren zur Unterscheidung zwischen deterministischen und stochastischen Komponenten nicht anwendbar. Zum anderen ist die Modellierung von Zeitreihen, die eine saisonale Komponente enthalten, problematisch, da die klassischen Modelle zur Beschreibung von Saisonkomponenten durch Überanpassung gekennzeichnet sind.[136] Beide Aspekte werden in diesem Abschnitt ausführlich erläutert. Die Problematik der Überanpassung wird dabei stets anhand von Ausreißern diskutiert, da hierbei die Auswirkung einer Überanpassung besonders deutlich wird. Am Schluss dieses Abschnittes wird vor dem Hintergrund der geschilderten Probleme dargelegt, weshalb sich die Verwendung von nicht- und semiparametrischen Verfahren als Alternative anbietet.

Die Unterscheidung zwischen deterministischen und stochastischen Komponenten auf Basis von Einheitswurzel- und Stationaritätstests ist grundsätzlich schwierig, weil in endlichen Zeitreihen die Übergänge zwischen beiden Fällen fließend sind. Daher haben alle zur Verfügung stehenden Testverfahren prinzipiell eine geringe Güte.[137] Bei der Anwendung der Testprozeduren für die Unterscheidung zwischen einer deterministischen und stochastischen Trendkomponente muss in Abhängigkeit von der Mittelwertstruktur der Zeitreihe eine geeignete Testvariante genutzt werden. Bei Anwendung unangemessener Testvarianten sind die Testergebnisse in der Regel irreführend.[138] Dies macht die visuelle Inspektion der Reihen erforderlich, was eine automatisierte Anwendung der Testverfahren ausschließt. Für die Unterscheidung zwischen einer deterministischen und stochastischen Saisonkomponente sind Zeitreihen erforderlich, deren Beobachtungszeiträume mehrere Saisonzyklen umfassen.[139] Für die hier betrachteten Zeitreihen ist damit die Unterscheidung zwischen beiden Fällen ausgeschlossen. Als Ausweg könnte hier ein heuristischer Ansatz verfolgt werden, bei dem die beiden klassischen Modellierungsansätze zur Beschreibung der Saison probeweise angewendet werden und anschließend derjenige ge-

[136] Die Auswirkungen einer Überanpassung sind in Abschnitt 2.3 erläutert.

[137] Auf eine detaillierte Betrachtung dieses Sachverhalts wird hier verzichtet, ausführliche Darstellungen finden sich in Enders (1995), S. 251 ff und Hamilton (1994), S. 444 ff.

[138] Vgl. Enders (1995), S. 254 ff.

[139] Vgl. Ghysels/Osborn (2001), S. 30 ff und 52 ff.

nutzt wird, mit dem die besseren Resultate erzielbar sind. Im Folgenden wird gezeigt, dass für die betrachteten Zeitreihen beide Modellierungsansätze durch Überanpassung gekennzeichnet und daher für Prognosen wenig geeignet sind. Im Rahmen eines automatisierten Verfahrens ist allerdings bereits schwierig zu entscheiden, ob überhaupt eine Saisonkomponente in einer Zeitreihe enthalten ist.

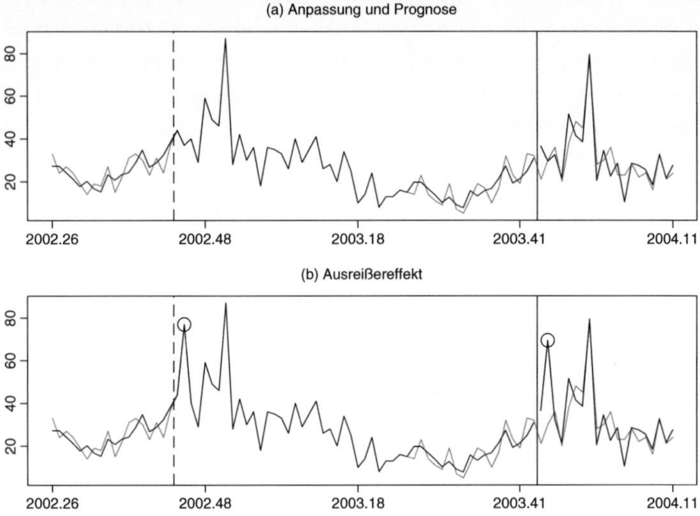

Abbildung 2.5: Anpassung und Prognose mit Wochendummy-Trend-Modell

Der Effekt der Überanpassung bei saisonalen Zeitreihen wird zunächst im Rahmen der klassischen deterministischen Modellierung betrachtet. Bei dieser werden die verschiedenen Perioden als *Kategorien* betrachtet und durch Dummyvariablen in einem Regressionsmodell berücksichtigt. Zur Prognose des Saisoneffektes werden die geschätzten Regressionskoeffizienten genutzt, welche im Wesentlichen von den Mittelwerten der entsprechenden Perioden abhängen.[140] Bei Quartals- bzw. Monatsdaten werden 3 bzw. 11 Freiheitsgrade zur Modellierung des Saisoneffektes benötigt, bei Wochendaten sind es hingegen 51 Freiheitsgrade.[141] In Abbildung 2.5 (a) ist die Anpassung an die in Abbildung 1.1 (b) dargestellte Abverkaufszeitreihe eines solchen Regressionsmodells sowie die daraus resultierende Prognose zu sehen. Die Zeitreihe umfasst 90 Be-

[140]Durch die Streichung einer Dummyvariablen sind die Koeffizienten als Mittelwertunterschiede im Vergleich zur ausgelassenen Kategorie zu interpretieren, was die Berechnung der Mittelwerte in den Kategorien beinhaltet. Werden weitere Effekte in derselben Regression geschätzt, können die Koeffizienten als bedingte Mittelwerte bzw. Mittelwertunterschiede betrachtet werden, vgl. Faraway (2004), S. 167 f und S. 181.

[141]Zur Vermeidung eines Rangdefektes wird eine Kategorie gestrichen, die Anzahl der verbrauchten Freiheitsgrade ist dann um eins geringer als die Frequenz des Saisonzyklus.

obachtungen auf Wochenbasis und weist eine auffällige Saisonfigur sowie Kalendereffekte am Jahresende auf, Ausreißer sind nicht vorhanden. Die Zeitreihe wird in eine Lernstichprobe mit 70 und eine Validierungsstichprobe mit 20 Beobachtungen aufgeteilt. Diese Grenze zwischen Kalenderwoche 43 und 44 im Jahr 2003 ist durch die vertikale Linie gekennzeichnet, die Lernstichprobe umfasst demnach weniger als zwei Saisonzyklen. Die vertikale gestrichelte Linie markiert den Anfang des letzten vollständigen Saisonzyklus vor Beginn der Validierungsstichprobe, der mit Kalenderwoche 44 im Jahr 2002 beginnt. Das verwendete Regressionsmodell enthält die Kalenderwochen 2 bis 52 als Kategorien sowie einen globalen linearen Trend als Kovariablen und wird als *Wochendummy-Trend-Modell* bezeichnet. Die Anpassung und die daraus resultierenden Ein- bis Zwanzig-Schritt-Prognosen des Modells sind als schwarze Linien eingezeichnet. Bei einer Stichprobengröße von 70 werden insgesamt 53 Freiheitsgrade verbraucht, was zu einer ausgeprägten Überanpassung führt. Zu Beginn des letzten vollständigen Saisonzyklus ist die Anpassung sogar mit der Zeitreihe selber identisch, da in der Lernstichprobe für die jeweiligen Kalenderwochen nur eine Beobachtung vorliegt. Daher entspricht, abgesehen vom Effekt eines in diesem Fall negativen globalen Trends, der Verlauf der Prognose exakt dem Verlauf der Zeitreihe nach der Kalenderwoche 44 im Jahr 2002. Trotz der Überanpassung führt das Modell in diesem Fall zu einer guten Prognose, da in der Zeitreihe keinerlei Störungen auftreten. Die Problematik der Überanpassung ist in Abbildung 2.5 (b) veranschaulicht, für die vor der Anpassung des Modells ein Ausreißer in Kalenderwoche 45 im Jahr 2002 simuliert wurde.[142] Der Effekt des Ausreißers wird bei der Anpassung in vollem Umfang berücksichtigt und somit auch bei der Prognose exakt reproduziert. Dies führt zu einer deutlichen Überschätzung des Absatzes in Kalenderwoche 45 im Jahr 2003. Der Ausreißer und die durch diesen verzerrte Prognose sind jeweils durch einen Kreis gekennzeichnet.

Zur Vermeidung der Überanpassung bei der deterministischen Modellierung einer Saisonfigur in Zeitreihen auf Wochenbasis könnten mehrere aufeinanderfolgende Kalenderwochen zu einer Kategorie zusammengefasst werden, z. B. auf monatlicher Basis oder in Intervallen konstanter Länge. Zwar wird durch eine solche Aggregation die Überanpassung reduziert, nachteilig daran ist allerdings, dass in Anpassung und Prognose beim Übergang von einer Kategorie zur nächsten Sprünge entstehen. Solche Sprünge bedeuten eine Nichtausnutzung von strukturellen Informationen, welche insbesondere in kurzen Zeitreihen vermieden werden sollte. Eine andere Möglichkeit besteht darin, ähnliche, aber unzusammenhängende Kalenderwochen mit Hilfe von dimensionsreduzierenden Verfahren zu Kategorien zusammenzufassen.[143] Diese Verfahren setzen aber ebenfalls eine größere Anzahl von Beobachtungen pro Periode vor-

[142] Für den Effekt des Ausreißers wird hier stets ein Betrag von 40 Einheiten verwendet, bei der Diskussion der Auswirkungen wird ebenfalls ein positives Vorzeichen des Effektes angenommen. Alle Aussagen gelten mit umgekehrten Vorzeichen aber auch für Ausreißer mit negativem Effekt.

[143] Auf Basis faktorenanalytischer Modelle wird dieser Ansatz z. B. von Schneider (2002) bei der Modellierung und Prognose von Zeitreihen aus der Energiewirtschaft verwendet.

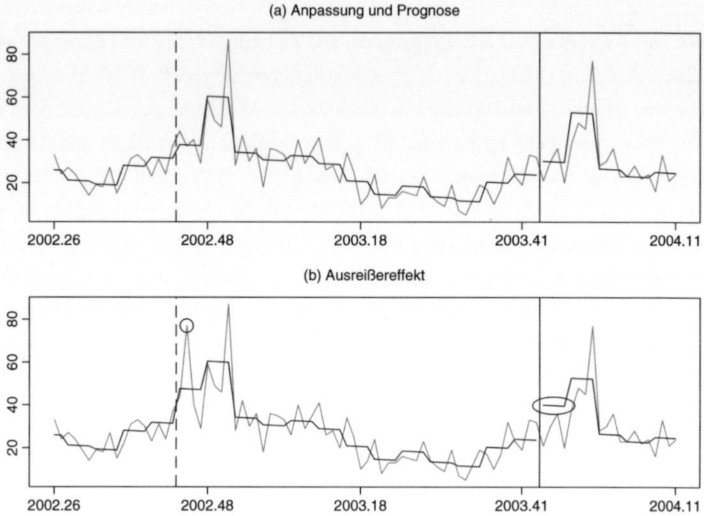

Abbildung 2.6: Anpassung und Prognose mit Monatsdummy-Trend-Modell

aus, so dass deren Verwendung für die hier betrachteten Zeitreihen ebenfalls nicht in Frage kommt.

Der Effekt einer Aggregation von Kalenderwochen ist in Abbildung 2.6 (a) illustriert. Dargestellt ist die Anpassung und die daraus resultierende Ein- bis Zwanzig-Schritt-Prognose eines Regressionsmodells, bei dem, neben einem linearen Trend, zur Modellierung der Saison jeweils vier aufeinanderfolgende Kalenderwochen zu einer Kategorie zusammengefasst werden. Daraus ergeben sich 13 Kategorien, welche hier als Monate bezeichnet werden. Das Modell wird daher *Monatsdummy-Trend-Modell* genannt. Abgesehen vom verwendeten Modell sind alle dieser Abbildung zugrunde liegenden Daten und Parameter mit denen aus Abbildung 2.5 identisch. Für die Modellanpassung werden insgesamt 14 Freiheitsgrade verbraucht, die Sprünge in Anpassung und Prognose beim Übergang von einer Kategorie zur nächsten sind gut zu erkennen. Die Wirkung eines Ausreißers ist in Abbildung 2.6 (b) veranschaulicht. Sowohl die Anpassung als auch die Prognose sind nach oben verzerrt. Zwar ist die Verzerrung nicht so ausgeprägt wie im Wochendummy-Trend-Modell, dafür sind in diesem Fall vier Prognosezeitpunkte von der Verzerrung betroffen.

Bei einer stochastischen Saisonfigur wird die Zeitreihe mit einem SARIMA-Modell (2.38) beschrieben, wobei die Integrationsordnungen $d = 1$ und $D = 1$ üblich sind. Im Folgenden wird die Diskussion auf diese Integrationsordnungen beschränkt. Die Prognosen sind mit den bedingten Erwartungswerten der zukünftigen Zufallsvariablen eines SARIMA-Prozesses identisch.[144] Eine genauere Betrachtung der Prognosen offenbart, dass diese nur auf sehr wenigen Beobachtungen beruhen und aus diesem Grund ebenfalls die Merkmale einer Überanpassung aufweisen. Zur Verdeutlichung werden im Folgenden formal Ein-Schritt- und Drei-Schritt-Prognosen von verschiedenen SARIMA-Modellen betrachtet, beginnend mit einem SARIMA(0,1,0)(0,1,0)$_{52}$-Modell. Umstellen der Prozessdefinition für dieses Modell liefert

$$(1-L)(1-L^{52})Y_t = \varepsilon_t \tag{2.41a}$$

$$\Leftrightarrow \qquad Y_t = Y_{t-1} + \Delta Y_{t-52} + \varepsilon_t \quad . \tag{2.41b}$$

Die Ein-Schritt-Prognose ist gegeben durch

$$\begin{aligned} E[Y_{\tau+1}|\tau] &= E[Y_\tau + \Delta Y_{\tau-51} + \varepsilon_{\tau+1}|\tau] \\ &= Y_\tau + \Delta Y_{\tau-51} \end{aligned}$$

und entspricht der letzten Beobachtung plus die entsprechende wöchentliche Veränderung im Vorjahr. Bei Mehrschrittprognosen setzt sich dieses Schema fort, für die Drei-Schritt-Prognose ergibt sich zum Beispiel

$$E[Y_{\tau+3}|\tau] = Y_\tau + \Delta Y_{\tau-51} + \Delta Y_{\tau-50} + \Delta Y_{\tau-49} \quad .$$

Die Prognose entspricht der letzten Beobachtung plus die kumulierte Summe der ersten Differenzen im Vorjahr. Da die kumulierte Summation die Umkehroperation zur Differenzenbildung ist, reproduziert die Sequenz der h-Schritt-Prognosen exakt die Struktur der Beobachtungen des Vorjahres. Störungen in den Beobachtungen werden in vollem Ausmaß auf die Prognose übertragen, diese weist daher ebenfalls die Merkmale einer Überanpassung auf. Zur Verdeutlichung werden im Folgenden die Auswirkungen von Ausreißern zu verschiedenen Zeitpunkten an konkreten Beispielen veranschaulicht. Dabei wird sich zeigen, dass insbesondere die Beobachtungen zum Zeitpunkt τ und $\tau - 52$ maßgeblichen Einfluss auf das Niveau der Prognosen bei jedem Horizont haben und somit im Hinblick auf mögliche Störungen als besonders kritisch einzustufen sind.

Die Abbildungen 2.7 und 2.8 sind, abgesehen von der verwendeten Prognosefunktion und der Position der Ausreißer, im Aufbau mit der Abbildung 2.5 identisch. Da es für das verwendete SARIMA(0,1,0)(0,1,0)$_{52}$-Modell keine Anpassung im eigentlichen Sinne gibt, fehlt diese. Die Ein- bis Zwanzig-Schritt-Prognosen sind jeweils als schwarze Linien eingetragen. Die Progno-

[144] Vgl. Abschnitt 2.4.2.

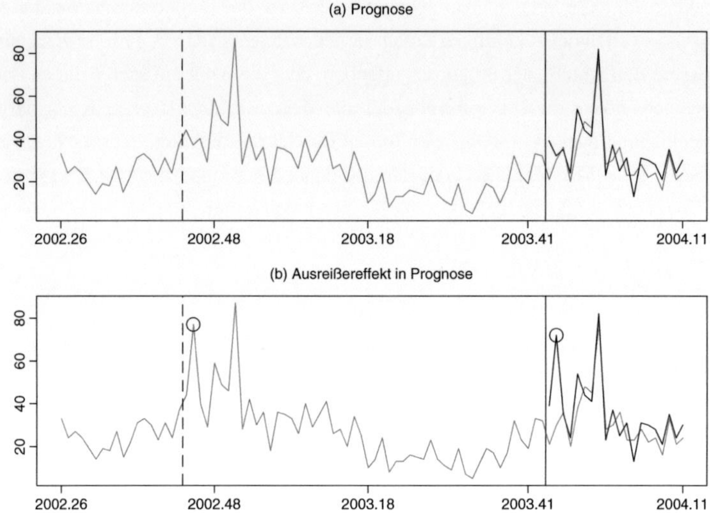

Abbildung 2.7: Prognose mit SARIMA(0,1,0)(0,1,0)$_{52}$-Modell

sen in Abbildung 2.7 (a) stimmen im Verlauf exakt mit dem Verlauf der Zeitreihe nach der Kalenderwoche 43 im Jahr 2002 überein. Tritt in den 20 Kalenderwochen nach diesem Zeitpunkt ein Ausreißer auf, wird dieser in der Prognose exakt reproduziert. Zur Veranschaulichung wird in Abbildung 2.7 (b) in der Beispielzeitreihe in Kalenderwoche 45 im Jahr 2002 ein Ausreißer simuliert. Dieser wird in der Prognose für die Kalenderwoche 45 im Jahr 2003 exakt reproduziert und führt damit zu einer Überschätzung des Absatzes für diese Woche.

In Abbildung 2.8 ist dargestellt, welche Auswirkungen ein Ausreißer bei den kritischen Zeitpunkten τ und $\tau-52$ auf die Prognosen hat. Die Beobachtung Y_τ wirkt für jeden Prognosehorizont wie eine Regressionskonstante: Ist diese nach oben oder unten verzerrt, sind auch die Prognosen für jeden Horizont exakt um den Effekt des Ausreißers verzerrt. In Abbildung 2.8 (a) wurde in der Zeitreihe für die letzte Beobachtung in der Lernstichprobe (Kalenderwoche 43 im Jahr 2003) ein Ausreißer simuliert. Aus diesem Grund wird der Absatz für jeden Prognosehorizont überschätzt. Die Auswirkungen eines Ausreißers zum Zeitpunkt $\tau-52$ sind formal nicht so offensichtlich und bedürfen einer genaueren Erläuterung. Ein Ausreißer mit positivem Effekt in der Ursprungszeitreihe verursacht in der daraus resultierenden Zeitreihe der ersten Differenzen zwei Ausreißer: einen mit positivem Effekt zum Zeitpunkt des Ausreißers und einen mit betraglich gleichem, aber negativen Effekt für den Zeitpunkt danach. Sind die beiden durch den Ausreißer verzerrten Differenzen in einer kumulierten Summe enthalten, addieren sich die

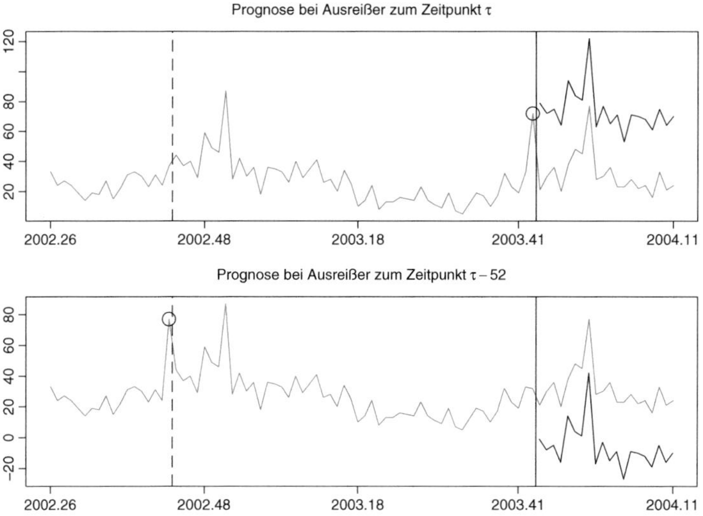

Abbildung 2.8: Kritische Ausreißer für SARIMA(0,1,0)(0,1,0)$_{52}$-Prognose

Effekte zu null. Tritt ein Ausreißer zum Zeitpunkt $\tau-52$ auf, ist in $\Delta Y_{\tau-51}$ der negative Effekt enthalten, welcher aber nicht durch den in der vorangegangenen Differenz enthaltenen positiven Effekt kompensiert wird. Da $\Delta Y_{\tau-51}$ in der Prognose für jeden Prognosehorizont enthalten ist, sind alle Prognosen um den negativen Effekt des Ausreißers verzerrt. In der Beispielzeitreihe ist dieser kritische Zeitpunkt die Kalenderwoche 43 im Jahr 2002, für den in Abbildung 2.8 (b) ein Ausreißer in der Zeitreihe simuliert wird. Als Folge davon wird der Absatz bei jedem Prognosehorizont deutlich unterschätzt.

Bei einer Erhöhung der Modellordnung der SARIMA-Modelle beruhen die Prognosen im Vergleich zum Modell (2.41) auf zusätzlichen Beobachtungen. Die Untersuchung der Auswirkungen eines Ausreißers sind komplexer als im Modell (2.41), da verschiedene Fallkonstellationen unterschieden werden müssen. Grundsätzlich ist bereits die Identifikation der korrekten Modellordnung und die Schätzung der Koeffizienten eines SARIMA-Modells in Gegenwart von Ausreißern schwierig. Bei der Diskussion wird sich hier aber auf die Konsequenzen von Ausreißern auf die Prognose im Rahmen eines gegebenen Modells beschränkt, insbesondere bei den als kritisch identifizierten Zeitpunkten τ und $\tau-52$.[145]

[145] Die Probleme bei der Identifikation und Schätzung von Box-Jenkins-Modellen in Gegenwart von Ausreißern werden in Peña (2001), S. 138 ff besprochen.

Zunächst werden die Auswirkungen einer Erhöhung der nicht-saisonalen Modellordnung anhand eines SARIMA(1,1,0)(0,1,0)$_{52}$-Modells betrachtet. Das Ausmultiplizieren der Prozessdefinition liefert

$$(1-\phi_1 L)(1-L)(1-L^{52})Y_t = \varepsilon_t \tag{2.42a}$$

$$\Leftrightarrow \quad (1-\phi_1 L)(\Delta Y_t - \Delta Y_{t-52}) = \varepsilon_t \tag{2.42b}$$

$$\Leftrightarrow \quad Y_t - Y_{t-1} - \Delta Y_{t-52} - \phi_1(\Delta Y_{t-1} - \Delta Y_{t-53}) = \varepsilon_t \quad . \tag{2.42c}$$

Die Ein-Schritt-Prognose in diesem Modell ist gegeben durch

$$\begin{aligned} E[Y_{\tau+1}|\tau] &= E[Y_\tau + \Delta Y_{\tau-51} + \phi_1(\Delta Y_\tau - \Delta Y_{\tau-52}) + \varepsilon_{\tau+1}|\tau] \\ &= Y_\tau + \Delta Y_{\tau-51} + \phi_1(\Delta Y_\tau - \Delta Y_{\tau-52}) \quad . \end{aligned}$$

Die Struktur der Prognose bei größeren Prognosehorizonten wird wieder bei Betrachtung der Drei-Schritt-Prognose deutlich:

$$\begin{aligned} E[Y_{\tau+3}|\tau] &= E[Y_\tau + \Delta Y_{\tau-51} + \phi_1(\Delta Y_\tau - \Delta Y_{\tau-52}) + \varepsilon_{\tau+3}|\tau] \\ &= Y_\tau + \Delta Y_{\tau-51} + \Delta Y_{\tau-50} + \Delta Y_{\tau-49} + (\phi_1 + \phi_1^2 + \phi_1^3)(\Delta Y_\tau - \Delta Y_{\tau-52}) \quad . \end{aligned}$$

Der erste Teil der Prognosefunktion ist mit der des Modells (2.41) identisch, dessen Eigenschaften damit auch für dieses Modell gelten. Zusätzlich ist bei einem Prognosehorizont von h der Term $\sum_{i=1}^{h} \phi_1^i(\Delta Y_\tau - \Delta Y_{\tau-52})$ vorhanden. Die genaue Wirkung eines Ausreißers hängt sowohl vom Zeitpunkt des Ausreißers als auch vom Vorzeichen des Parameters ϕ_1 ab. Ein Ausreißer mit positivem Effekt zum Zeitpunkt τ bewirkt eine Verzerrung von $(\Delta Y_\tau - \Delta Y_{\tau-52})$ nach oben und zum Zeitpunkt $\tau-52$ nach unten. Ist der Parameter ϕ_1 positiv, verstärken sich demnach die Auswirkungen eines Ausreißers bei diesen Zeitpunkten. Bei einem negativen Koeffizienten werden die Auswirkungen hingegen abgemildert, da $\sum_{i=1}^{h} \phi_1^i$ immer negativ ist.[146]

Die Auswirkungen einer Erhöhung der saisonalen Ordnung eines SARIMA-Modells werden anhand eines SARIMA(0,1,0)(1,1,0)$_{52}$-Modells

$$(1-\Phi_1 L^{52})(1-L)(1-L^{52})Y_t = \varepsilon_t \tag{2.43a}$$

$$\Leftrightarrow \quad (1-\Phi_1 L^{52})(\Delta Y_t - \Delta Y_{t-52}) = \varepsilon_t \tag{2.43b}$$

$$\Leftrightarrow \quad Y_t - Y_{t-1} - \Delta Y_{t-52} - \Phi_1(\Delta Y_{t-52} - \Delta Y_{t-104}) = \varepsilon_t \tag{2.43c}$$

[146]Es wird angenommen, dass ϕ_1 die Stationaritätsbedingungen erfüllt und daher betraglich immer kleiner als eins ist, vgl. Abschnitt 2.4.2.

betrachtet.[147] Die Ein-Schritt- bzw. Drei-Schritt-Prognose für dieses Modell lautet

$$\begin{aligned} E[Y_{\tau+1}|\tau] &= E[Y_\tau + \Delta Y_{\tau-51} + \Phi_1(\Delta Y_{\tau-51} - \Delta Y_{\tau-103}) + \varepsilon_{\tau+1}|\tau] \\ &= Y_\tau + \Delta Y_{\tau-51} + \Phi_1(\Delta Y_{\tau-51} - \Delta Y_{\tau-103}) \end{aligned}$$

bzw.

$$\begin{aligned} E[Y_{\tau+3}|\tau] &= E[Y_{\tau+2} + \Delta Y_{\tau-49} + \Phi_1(\Delta Y_{\tau-49} - \Delta Y_{\tau-101}) + \varepsilon_{\tau+3}|\tau] \\ &= Y_\tau + \Delta Y_{\tau-51} + \Delta Y_{\tau-50} + \Delta Y_{\tau-49} + \Phi_1(\Delta Y_{\tau-51} - \Delta Y_{\tau-103}) \\ &\quad + \Phi_1(\Delta Y_{\tau-50} - \Delta Y_{\tau-102}) + \Phi_1(\Delta Y_{\tau-49} - \Delta Y_{\tau-101}) \quad . \end{aligned}$$

Auch hier ist der erste Teil der Prognosefunktion mit der des Modells (2.41) identisch. Bei einem Ausreißer zum kritischen Zeitpunkt $\tau-52$ ist die Differenz $\Delta Y_{\tau-51}$ und damit auch der Term $(\Delta Y_{\tau-51} - \Delta Y_{\tau-103})$ um den Ausreißereffekt nach unten verzerrt. Bei einem positiven Parameter Φ_1 wird die Prognoseverzerrung verstärkt, bei einem negativen Koeffizienten abgemildert. Ein Ausreißer zum Zeitpunkt τ wirkt wie in Modell (2.41). Insgesamt bleibt bei einer Erhöhung der saisonalen oder nichtsaisonalen Modellordnung in SARIMA-Modellen grundsätzlich die Ausreißersensitivität des Modells (2.41) erhalten und wird bei bestimmten Parameterkonstellationen noch verstärkt.

Die Ausführungen in diesem Abschnitt zeigen, dass vor dem Hintergrund der Problemstellung die klassische Box-Jenkins-Modellierungsstrategie wenig geeignet ist: Die korrekte Anwendung ist schwierig bis unmöglich und in Gegenwart einer Saisonfigur sind die Prognosen der üblicherweise verwendeten Modelle durch Überanpassung gekennzeichnet. Als Alternative bieten sich aufgrund ihrer Flexibilität Modelle aus der Klasse der nicht- und semiparametrischen Verfahren an. Zum einen kann bei diesen auf die Unterscheidung zwischen deterministischen und stochastischen Komponenten verzichtet werden, da in beiden Fällen eine hinreichende Anpassungsgüte erzielbar ist.[148] Zum anderen ist die vorherige Identifikation der vorhandenen Komponenten unnötig, da unabhängig von diesen die Mittelwertstruktur immer korrekt beschrieben wird.[149] Werden nicht- und semiparametrische Verfahren zur Prognose von Zeitreihen verwendet, muss dem in Abbildung 1.2 veranschaulichten erratischen Verhalten der über den Anpassungsbereich hinaus fortgeschriebenen Funktionen Rechnung getragen werden. In Kapitel 4 werden nach einer theoretischen Betrachtung verschiedene Ansätze dazu entwickelt, die im empirischen Teil der Arbeit an realen Daten erprobt werden.

---

[147] Die Anpassung dieses Modells erfordert Zeitreihen, die mindestens zwei volle Saisonzyklen plus eine Beobachtung enthalten. Für die in dieser Arbeit verwendeten Zeitreihen kann dieses Modell daher grundsätzlich nicht verwendet werden.

[148] Vgl. Kirchgässner/Wolters (2007), S. 180 ff.

[149] Vgl. die Anpassung in Abbildung 1.2, welche ohne a-priori-Spezifikation der Saisonkomponente erzielt wird.

3 Strukturbrucherkennung

In Abschnitt 2.1 wurde das Konzept der Strukturbrüche erläutert. Das in diesem Kapitel vorgestellte Verfahren erlaubt, bei vertretbarem Rechenaufwand, die automatische Identifikation eines global optimalen Strukturbruchmodells, wobei sowohl die Anzahl als auch die Positionen der Bruchpunkte unbekannt sind. Dieses Verfahren wird in Kapitel 4 zur Lösung eines zentralen Problems bei der Anpassung einer bestimmten Variante von Splinefunktionen verwendet. Zur formalen Beschreibung von Strukturbrüchen wird zunächst das in Abschnitt 2.2.1 eingeführte einfache lineare Regressionsmodell erweitert. Im zweiten Abschnitt wird der eigentliche Algorithmus zur Identifikation von Strukturbrüchen sowie dessen Anwendung detailliert erläutert.

3.1 Lineares Strukturbruchmodell

Basis des linearen Strukturbruchmodells ist das einfache lineare Regressionsmodell (2.1). Liegen in einem solchen Modell m Strukturbrüche vor, lassen sich die Daten in $m+1$ Zeitbereiche aufteilen, welche als *Regime* oder *Segmente* bezeichnet werden.[150] Die letzten Zeitpunkte in jedem Regime werden *Bruchpunkte* genannt und mit $T_1, \ldots, T_m$ gekennzeichnet, per Konvention ist darüber hinaus $T_0 = 0$ und $T_{m+1} = T$. Die Gesamtmenge der aus m Bruchpunkten resultierenden $m+1$ Regime heißt *m-Partition*. Die m Bruchpunkte, die eine m-Partition definieren, werden in der Menge $\Theta_m := \{T_1, \ldots, T_m\}$ zusammengefasst. Die maximal mögliche Anzahl der Bruchpunkte folgt aus der vorgegebenen Mindestlänge h der Segmente und ist durch $\lfloor T/h \rfloor$ zu ermitteln, die minimale Anzahl beträgt null.[151] Durch Vorgabe der Mindestlänge h der Regime kann die Empfindlichkeit des Verfahrens justiert werden.

---

[150] Sofern nicht anders angegeben, beziehen sich alle Ausführungen in diesem Abschnitt auf Bai/Perron (2003).

[151] Der Operator $\lfloor x \rfloor$ schneidet vom reellen Argument x alle Nachkommastellen ab, was für positive reelle Zahlen einer Abrundung auf die nächste ganze Zahl gleichkommt.

Werden im Regressionsmodell diejenigen Kovariablen, deren Koeffizienten sich im Zeitablauf mindestens einmal ändern, in

$$z_t = (1, z_{t1}, z_{t2}, \cdots, z_{tq})' \quad \text{mit} \quad t = T_{j-1}+1, \cdots, T_j \quad \text{und} \quad j = 1, \cdots, m+1$$

zusammengefasst, lässt sich ein Strukturbruchmodell als Regressionsmodell mit veränderlichen Parametern darstellen:

$$Y_t = x_t'\beta + z_t'\delta_j + \varepsilon_t \quad . \tag{3.1}$$

Alle zeitlich variablen Regressionskoeffizienten sind im Vektor $\delta_j = (\delta_{j0}, \delta_{j1}, \cdots, \delta_{jq})'$ zusammengefasst, auch die Regressionskonstante gehört in diesem Modell dazu. Daher enthalten die Vektoren x_t bzw. β nicht mehr die 1 bzw. β_0, ihre Länge reduziert sich demzufolge auf p. Um zur Koeffizientenschätzung die gewöhnliche KQ-Methode anwenden zu können, wird gefordert, dass jedes Regime mindestens $p+q+2$ Beobachtungen enthält. Werden die Vektoren und Matrizen

$$\begin{aligned} \delta &= (\delta_1', \cdots, \delta_{m+1}')' \quad , \\ Z_j &= (z_{T_{j-1}+1}, \ldots, z_{T_j})' \quad \text{mit} \quad j = 1, \cdots, m+1 \quad \text{und} \\ Z &= diag(Z_1, \ldots, Z_{m+1}) \end{aligned}$$

definiert, wobei der Operator $diag()$ aus den Argumenten eine *Blockdiagonalmatrix* erzeugt,[152] lässt sich das Modell (3.1) in reiner Matrixnotation formulieren:

$$Y = X\beta + Z\delta + \varepsilon \quad . \tag{3.2}$$

Bei diesem Modell handelt es sich um ein Teilstrukturbruchmodell, da die Koeffizienten im Vektor β über den gesamten Anpassungszeitraum unverändert bleiben. Bei einer vorgegebenen Anzahl von Bruchpunkten m hat die zu minimierende Zielfunktion zur Bestimmung der optimalen m-Partition folgende Gestalt:

$$\begin{aligned} RSS(\beta, \delta, \Theta_m | m) &= (y - X\beta - Z\delta)'(y - X\beta - Z\delta) \\ &= \sum_{j=1}^{m+1} \sum_{t=T_{j-1}+1}^{T_j} (y_t - x_t'\beta - z_t'\delta_j)^2 \quad . \end{aligned} \tag{3.3}$$

[152] Vgl. Gentle (2007), S. 47.

Im Fall eines reinen Strukturbruchmodells vereinfacht sich das Modell (3.2) zu

$$Y = Z\delta + \varepsilon \quad . \tag{3.4}$$

Im Allgemeinen ist die Unterscheidung zwischen einem reinen Strukturbruchmodell und einem Teilstrukturbruchmodell wichtig, da bei der Bestimmung der optimalen m-Partition unterschiedliche Vorgehensweisen notwendig sind. Für diese Arbeit ist jedoch nur die Identifikation von reinen Strukturbruchmodellen relevant, welche in zwei Schritten erfolgt. Zunächst wird für jede mögliche Anzahl von Bruchpunkten $m \in \{0, \lfloor T/h \rfloor\}$ die zugehörige optimale m-Partition berechnet. Anschließend wird aus der Menge aller optimalen m-Partitionen die global optimale Partition bestimmt. Beide Schritte werden im folgenden Abschnitt beschrieben.

3.2 Bestimmung einer optimalen Partition

Da die Anzahl der möglichen Partitionen endlich ist, könnte eine optimale m-Partition des Modells (3.2) theoretisch durch eine Gittersuche bestimmt werden. Bei mehr als zwei Bruchpunkten ist der Rechenaufwand dieser Methode aber nicht mehr vertretbar. Andere vorgeschlagene Verfahren sind hierarchisch aufgebaut und beruhen entweder auf dem Prinzip der rekursiven Partitionierung oder dem Zusammenfügen von Teilstichproben. Das Problem bei allen hierarchischen Verfahren besteht darin, dass nicht sichergestellt ist, dass die gefundene Partition global optimal ist.[153] Mit dem im Folgenden beschriebenen Algorithmus, der auf dem Prinzip der dynamischen Programmierung beruht, kann hingegen unabhängig von der Anzahl der Bruchpunkte ein global optimales Strukturbruchmodell bestimmt werden.[154]

Ein Kernelement des Verfahrens ist eine Dreiecksmatrix, welche die Residuenquadratsummen aus den Anpassungen des Modells (3.2) in allen denkbaren Segmenten enthält.[155] Die Berechnung dieser Matrix stellt den wesentlichen rechnerischen Aufwand des Verfahrens dar. Die potentiellen Segmente werden dabei durch die Anzahl der Bruchpunkte m, die Mindestlänge der

[153] Vgl. Zeileis et al. (2003), S. 111.

[154] Das Prinzip der dynamischen Programmierung ist auch unter der Bezeichnung Bellman-Prinzip bekannt. Es geht auf RICHARD E. BELLMAN zurück und bezeichnet eine allgemeine Methode zur optimalen Lösung von Problemen. Um es anwenden zu können, muss das Grundproblem rekursiv beschreibbar sein und die optimale Gesamtlösung muss sich aus optimal gelösten Teilproblemen zusammensetzen, auf die rekurriert wird. Charakteristisch ist weiterhin, dass bei der Berechnung mehrfach gleiche Teillösungen benötigt werden, vgl. Anderson et al. (2003), Kapitel 18.

[155] Sofern nicht anders angegeben, beziehen sich alle weiteren Ausführungen in diesem Abschnitt auf Bai/Perron (2003).

Regime h und die Beobachtungsanzahl T bestimmt. Die maximal mögliche Anzahl der Einträge in der Matrix beträgt $T(T+1)/2$, jedoch reduziert sich diese Anzahl aufgrund der vorgegebenen Parameter noch weiter. Es lassen sich drei Ursachen unterscheiden, die zur Nichtberücksichtigung eines Segments führen. Erstens können alle Segmente unberücksichtigt bleiben, die nicht der vorgegebenen Mindestlänge entsprechen. Zweitens können Regime vernachlässigt werden, die so viele Beobachtungen enthalten, dass nicht genug Beobachtungen für die restlichen Segmente mit entsprechender Mindestlänge verbleiben. Drittens muss die erste Beobachtung eines Segments so weit hinten liegen, dass vor dieses noch ein weiteres Segment mit der vorgegebenen Mindestlänge passt. Einige Segmente erfüllen dabei mehr als eines dieser Ausschlusskriterien gleichzeitig. Eine aufgrund der formulierten Bedingungen erlaubte m-Partition muss sich aus den in Frage kommenden Segmenten zusammensetzen lassen.

Der Aufbau der Dreiecksmatrix mit den Residuenquadratsummen der in Frage kommenden Segmente ist in Abbildung 3.1 beispielhaft für den Fall mit $T = 25$ Beobachtungen, $m = 2$ Bruchpunkten und einer Mindestlänge der Regime von $h = 5$ illustriert. Die Zeilen stehen für die Startzeitpunkte und die Spalten für die Endzeitpunkte eines Segments. Segmente, die aufgrund von mindestens einem der drei im vorigen Absatz genannten Gründe nicht in Betracht kommen, sind durch Buchstaben gekennzeichnet, deren Bedeutung der Legende entnommen werden kann. Die potentiellen Segmente einer 2-Partition sind durch das Symbol „•“ gekennzeichnet. Auf das Segment, welches die Zeitpunkte 3 bis 6 umfasst, trifft beispielsweise mehr als ein Ausschlusskriterium zu: Es ist mit 4 Beobachtungen nicht nur zu kurz, darüber hinaus passt auch kein weiteres Segment der Länge 5 davor.

Die Berechnung der Dreiecksmatrix erfolgt mit der *Update-Formel für Residuenquadratsummen*:

$$RQS_{(a,b)} = RQS_{(a,b-1)} + \tilde{\varepsilon}^2_{(a,b)} \tag{3.5}$$

mit

$$RQS_{(a,b)} = \left(y_{(a,b)} - X_{(a,b)}\hat{\beta}_{(a,b)}\right)' \left(y_{(a,b)} - X_{(a,b)}\hat{\beta}_{(a,b)}\right) \quad , \tag{3.6}$$

$$\tilde{\varepsilon}_{(a,b)} = \frac{y_b - x_b'\hat{\beta}_{(a,b-1)}}{1 + x_b'\left(X'_{(a,b-1)}X_{(a,b-1)}\right)^{-1} x_b} \quad . \tag{3.7}$$

Bei den $\tilde{\varepsilon}_{(a,b)}$ handelt es sich um *rekursive Residuen*. Für die Berechnung von Residuenquadratsummen ist die Verwendung von rekursiven Residuen im Vergleich zur direkten Berech-

Endzeitpunkt Segment

Startzeitpunkt Segment	1	2	3	4	5	6	7	8	9	10	11	12	13	14	15	16	17	18	19	20	21	22	23	24	25
1	A	A	A	A	•	•	•	•	•	•	•	•	•	•	•	B	B	B	B	B	B	B	B	B	B
2		A	A	A	A	C	C	C	C	C	C	C	C	C	C	B	B	B	B	B	B	B	B	B	B
3			A	A	A	A	C	C	C	C	C	C	C	C	C	B	B	B	B	B	B	B	B	B	B
4				A	A	A	A	C	C	C	C	C	C	C	C	B	B	B	B	B	B	B	B	B	B
5					A	A	A	A	C	C	C	C	C	C	C	B	B	B	B	B	B	B	B	B	B
6						A	A	A	A	•	•	•	•	•	•	•	•	•	•	•	B	B	B	B	B
7							A	A	A	A	•	•	•	•	•	•	•	•	•	•	B	B	B	B	B
8								A	A	A	A	•	•	•	•	•	•	•	•	•	B	B	B	B	B
9									A	A	A	A	•	•	•	•	•	•	•	•	B	B	B	B	B
10										A	A	A	A	•	•	•	•	•	•	•	B	B	B	B	B
11											A	A	A	A	•	•	•	•	•	•	•	•	•	•	•
12												A	A	A	A	•	•	•	•	•	•	•	•	•	•
13													A	A	A	A	•	•	•	•	•	•	•	•	•
14														A	A	A	A	•	•	•	•	•	•	•	•
15															A	A	A	A	•	•	•	•	•	•	•
16																A	A	A	A	•	•	•	•	•	•
17																	A	A	A	A	•	•	•	•	•
18																		A	A	A	A	•	•	•	•
19																			A	A	A	A	•	•	•
20																				A	A	A	A	•	•
21																					A	A	A	A	•
22																						A	A	A	A
23																							A	A	A
24																								A	A
25																									A

A Segment entspricht nicht der Mindestlänge 5.
B Segment ist so lang, dass es nicht genug Beobachtungen für 3 Segmente der Länge 5 gibt.
C Vor Segment passt kein weiteres Segment der Mindestlänge 5.
• Mögliches Segment.

Abbildung 3.1: Beispielschema einer oberen Dreiecksmatrix der segmentweisen Residuenquadratsummen

nung vorteilhaft, weil dabei von den folgenden Update-Formeln Gebrauch gemacht werden kann:[156]

$$\left(X'_{(a,b)}X_{(a,b)}\right)^{-1} = \left(X'_{(a,b-1)}X_{(a,b-1)}\right)^{-1} - \frac{\left(X'_{(a,b-1)}X_{(a,b-1)}\right)^{-1} x_b x'_b \left(X'_{(a,b-1)}X_{(a,b-1)}\right)^{-1}}{1 + x'_b \left(X'_{(a,b-1)}X_{(a,b-1)}\right)^{-1} x_b} , \tag{3.8}$$

$$\hat{\beta}_{(a,b)} = \hat{\beta}_{(a,b-1)} + \left(X'_{(a,b)}X_{(a,b)}\right)^{-1} x_b \left(y_b - x'_b \hat{\beta}_{(a,b-1)}\right) . \tag{3.9}$$

Bei der Berechnung der Einträge der Dreiecksmatrix muss daher für jeden Startzeitpunkt nur die Residuenquadratsumme des ersten möglichen Segments auf konventionelle Weise bestimmt werden. Die Residuenquadratsummen aller weiteren Segmente mit dem gleichen Startzeitpunkt können anschließend rekursiv mit Hilfe der Update-Formeln ohne weitere Matrixinvertierung ermittelt werden. Dies bedeutet einen erheblichen Zeitgewinn bei der Berechnung.

[156]Vgl. Brown et al. (1975), S. 151 f. Für die Schreibweise vgl. Abschnitt 2.2.1.

Mit Hilfe der Dreiecksmatrix der Residuenquadratsummen wird bei gegebener Anzahl der Bruchpunkte m diejenige m-Partition bestimmt, welche die gesamte Residuenquadratsumme minimiert. Die optimale m-Partition wird rekursiv durch die folgende Vorschrift bestimmt:

$$RQS\left(\Theta_{m,T}\right) = \min_{mh \leq s \leq T-h} \left[RQS\left(\Theta_{m-1,s}\right) + RQS_{(s+1,T)}\right] \quad , \tag{3.10}$$

wobei $RQS(\Theta_{r,s})$ die Residuenquadratsumme der optimalen Partition mit r Bruchpunkten ist, welche die ersten s Beobachtungen umfasst. Das Funktionsprinzip von (3.10) wird im Folgenden genauer betrachtet. Im ersten Schritt der Rekursion werden alle optimalen 2-Segment-Teilpartitionen ermittelt, von denen eine in der global optimalen Gesamtpartition enthalten sein muss. Dazu wird zunächst bestimmt, an welchen Zeitpunkten der erste Bruchpunkt liegen kann. Die in Frage kommenden Zeitpunkte werden durch die Mindestlänge h der Segmente, die Beobachtungsanzahl T und die maximale Anzahl der Bruchpunkte m determiniert. Der erste Bruchpunkt kann nur bei den Zeitpunkten h bis $T - mh$ auftreten. Die untere Grenze ergibt sich aufgrund der Mindestlänge h des ersten Regimes, die obere daraus, dass noch weitere m Segmente der Mindestlänge h hinter dem ersten Regime Platz finden müssen. Die Menge der möglichen ersten Bruchpunkte enthält also $(T - mh) - h + 1 = T - (m + 1)h + 1$ Zeitpunkte. Auf Grundlage der möglichen ersten Bruchpunkte werden anschließend Teilstichproben gebildet, die hinsichtlich der Länge allen denkbaren 2-Segment-Teilpartitionen entsprechen. Die Teilstichproben beginnen immer mit dem ersten Zeitpunkt, die Endzeitpunkte ergeben sich jeweils aus den möglichen ersten Bruchpunkten zuzüglich der Mindestlänge h. Daher entspricht die Anzahl der Teilstichproben genau der Anzahl der möglichen ersten Bruchpunkte. Die erste Teilstichprobe ist die denkbar kleinste 2-Segment-Teilpartition und umfasst die Beobachtungen von Zeitpunkt 1 bis $2h$. Die letzte Teilstichprobe umfasst die Beobachtungen von Zeitpunkt 1 bis $T - (m - 1)h$, dies entspricht der Länge der längstmöglichen 2-Segment-Teilpartition. Für jede dieser $T - (m + 1)h + 1$ Teilstichproben wird dann anhand der zuvor gespeicherten Residuenquadratsummen die optimale 2-Segment-Teilpartition bestimmt und der entsprechende optimale Bruchpunkt zusammen mit der daraus resultierenden Residuenquadratsumme gespeichert.

Im zweiten Schritt wird eine Menge optimaler 3-Segment-Teilpartitionen ermittelt. Dem Prinzip der dynamischen Programmierung entsprechend muss eine der so ermittelten optimalen 3-Segment-Teilpartitionen später in der optimalen Gesamtpartition enthalten sein. Analog zur obigen Vorgehensweise werden diese auf Basis von Teilstichproben ermittelt, die stets mit dem ersten Zeitpunkt beginnen und deren Endzeitpunkte von $3h$ bis $T - (m - 2)h$ reichen. Diese Endzeitpunkte ergeben sich, indem zu den Endzeitpunkten der 2-Segment-Teilpartitionen $2h$ bis $T - (m - 1)h$ die Mindestlänge h addiert wird. Die erste Teilstichprobe entspricht dann in der Länge der denkbar kürzesten, die letzte der denkbar längsten 3-Segment-Teilpartition. In jeder einzelnen Teilstichprobe werden die passenden optimalen 2-Segment-Teilpartitionen mit einem zusätzlichen Segment wieder zur gesamten Teilstichprobe ergänzt. Für eine gegebene Teilstichprobe ist diejenige 3-Segment-Teilpartition optimal, bei der die Summe der Residuenquadratsummen der optimalen 2-Segment-Teilpartition und des ergänzenden Segments minimal ist. Die Residuenquadratsummen der ergänzenden Segmente werden wieder aus der oberen Dreiecksmatrix entnommen. Für jede Teilstichprobe werden die beiden ermittelten optimalen Bruchpunkte zusammen mit der gesamten Residuenquadratsumme der Teilstichprobe für den nächsten Rekursionsschritt gespeichert.

Für die Ermittlung einer optimalen 3-Segment-Teilpartition sei dies am Beispiel der zweiten Teilstichprobe mit der Länge $3h + 1$ konkret erläutert. In diese lassen sich nur die optimalen 2-Segment-Partitionen der Länge $2h$ oder $2h + 1$ einfügen, da sonst keine weiteren Segmente mit der Mindestlänge h in die Teilstichprobe passen. Im ersten Fall ergänzt das Segment von Zeitpunkt $2h+1$ bis $3h+1$ (Länge $h+1$) die optimale 2-Segment-Partition wieder zur gesamten Teilstichprobe, im zweiten Fall das Segment von Zeitpunkt $2h+2$ bis $3h+1$ (Länge h). Je länger die Teilstichprobe ist, desto mehr 2-Segment-Teilpartitionen kommen als Kandidaten in Frage. So könnte in der letzten Teilstichprobe der Länge $T - (m-2)h$ jede der optimalen 2-Segment-Teilpartitionen in der optimalen 3-Segment-Teilpartition enthalten sein.

Im letzten Schritt liegen $T - (m + 1)h + 1$ optimale m-Segment-Teilpartitionen vor, wobei diese die ersten mh bis $T - h$ Beobachtungen umfassen. Abschließend werden die m-Segment-Teilpartitionen jeweils mit Segmenten entsprechender Länge zur Gesamtstichprobe ergänzt und die jeweiligen gesamten Residuenquadratsummen berechnet. Die $m + 1$-Segment-Partition mit der kleinsten Residuenquadratsumme ist dann global optimal.

Mit dem beschriebenen Algorithmus kann bei einer vorgegebenen Anzahl von Bruchpunkten die optimale Partition bestimmt werden. Ist die Anzahl der Bruchpunkte unbekannt, kommen zunächst alle optimalen Partitionen mit 0 bis $\lfloor T/h \rfloor$ Bruchpunkten in Betracht, für $m = 0$ entspricht dies dem Modell ohne Strukturbruch. Aus diesen Partionen ist dann eine optimale Partition auszuwählen. Dabei ist zu berücksichtigen, dass mit jedem zusätzlichen Bruchpunkt im Modell (3.2) bei der Anpassung $q + 1$ zusätzliche Freiheitsgrade verbraucht werden. Bei der Auswahl einer optimalen Anzahl von Bruchpunkten ist demnach das Sparsamkeitsprinzip zu beachten. Eine Möglichkeit zur Auswahl eines angemessenen Strukturbruchmodells ist die

Verwendung des Bayesianschen Informationskriteriums (BIC):[157]

$$BIC(k) = \ln\left(\frac{RQS\,(\Theta_{m,T})}{T}\right) + \frac{k \cdot \ln(T)}{T} \quad , \tag{3.11}$$

mit $k = (m+1)(q+1)$. Es wird dann diejenige m-Bruchpunkt-Partition gewählt, für die das BIC minimal ist.

[157] Vgl. Greene (2003), S. 160. Eine ausführliche Herleitung des Kriteriums ist in Konishi/Kitagawa (2007), Kapitel 9 zu finden.

4 Splineregressionsmodelle

In diesem Kapitel werden verschiedene Varianten von Splinefunktionen eingeführt, die im Rahmen dieser Arbeit zur nichtparametrischen Modellierung und Prognose der Trend- und Saisonkomponente in betriebswirtschaftlichen Zeitreihen verwendet werden. Im ersten Abschnitt werden zunächst die Herkunft des Begriffs *Spline* sowie der ursprüngliche Anwendungshintergrund erläutert. Anschließend wird das Grundkonzept einer Splineregression beschrieben. In Abschnitt 4.2 wird dann die in dieser Arbeit verwendete Darstellungsart von Splinefunktionen ausführlich hergeleitet. Bei der Anpassung von Splinefunktionen spielt, wie bei allen nichtparametrischen Verfahren, die Vermeidung von Überanpassung eine zentrale Rolle. Die beiden für die ökonometrische Praxis wichtigsten Möglichkeiten dazu werden in Abschnitt 4.3 dargestellt. In der Einleitung wurde erläutert, dass die Erstellung von Prognosen im Zeitbereich auf Basis von Splinefunktionen mit einem speziellen Problem behaftet ist. Dieser Aspekt wird ebenfalls in Abschnitt 4.3 betrachtet. Darauf aufbauend werden in Abschnitt 4.4 Vorschläge zum Umgang mit diesem Problem unterbreitet, die den wesentlichen Beitrag dieser Arbeit darstellen. Alle in diesem Kapitel vorgestellten Verfahren lassen sich als lineare Modelle formulieren, so dass auf das in Abschnitt 2.2 entwickelte Instrumentarium zurückgegriffen werden kann. Die wesentlichen Ergebnisse dieses Kapitels werden in Abschnitt 4.5 zusammengefasst.

4.1 Begriffsherkunft und Grundidee

Spline ist die englische Bezeichnung für ein biegsames Lineal, das von Architekten und Ingenieuren zum Zeichnen von glatten Kurven durch mehrere vorgegebene Punkte verwendet wird. Dazu wird der Spline mit Hilfe von Lagern durch die vorgesehenen Punkte auf dem Zeichenbrett geführt. Diese Lager werden durch Gewichte oder Nägel fixiert und sind so beschaffen, dass das Lineal in Längsrichtung durch die Fixierpunkte gleiten kann. Ein auf diese Weise fixierter Spline wird aufgrund der physikalischen Gesetze der Festigkeitslehre eine Endposition einnehmen, in der die Biegemomente des gesamten Splines minimal sind. Da jenseits der beiden äußeren Lager keine Kräfte mehr auf den Spline wirken, ist der Verlauf in diesen Bereichen linear.[158] Wird die Biegelinie eines Splines durch eine Funktion $y = f(x)$ beschrieben, so ist das lokale Biegemoment $M(x)$ gegeben durch

$$M(x) = \kappa \frac{f''(x)}{(1 + [f'(x)]^2)^{3/2}} \quad , \tag{4.1}$$

mit einer materialspezifischen Konstanten κ. Ein Standardergebnis der Interpolationstheorie besagt, dass der Verlauf eines auf diese Weise fixierten Splines, bzw. eines vergleichbaren elastischen Stabes, in guter Näherung durch eine sog. *natürliche kubische Splinefunktion* beschrieben werden kann.[159] Dies wurde bereits Mitte des achtzehnten Jahrhunderts durch L. EULER und die GEBRÜDER BERNOULLI erkannt.[160] In der mathematischen Literatur wurde dieser Begriff erstmals von I. J. SCHOENBERG verwendet.[161] In Abbildung 4.1 ist die Interpolation von zwölf Punkten mit einer natürlichen kubischen Splinefunktion dargestellt.

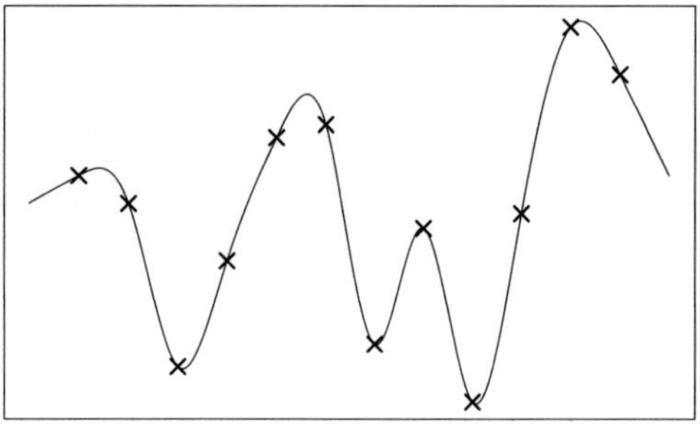

Abbildung 4.1: Interpolation mit einer natürlichen kubischen Splinefunktion

Aus mathematischer Sicht setzt sich eine auf einem Intervall $[a,b]$ der reellen Zahlen definierte *Splinefunktion* aus abschnittsweisen Polynomen zusammen, wobei an die gesamte Funktion bestimmte Forderungen hinsichtlich der Glattheit gestellt werden. Durch die *Knotenmenge* $\Xi_k := \{\xi_j : j = 0, \cdots, k+1\}$ wird eine Zerlegung des Intervalls $[a,b]$ definiert, wobei $a = \xi_0 < \xi_1 < \cdots < \xi_k < \xi_{k+1} = b$ gilt. Die Intervallgrenzen $a = \xi_0$ und $b = \xi_{k+1}$ werden als *äußere Knoten* oder *Randknoten*, alle anderen Elemente aus Ξ_k als *innere Knoten* bezeichnet. Durch die k inneren Knoten wird das Intervall in $k + 1$ Segmente unterteilt, die als *Bins*

[158]Vgl. Schumaker (1981), S. 6 und Hämmerlin/Hoffmann (1991), S. 253.

[159]Zur Herleitung dieses Resultats vgl. Hämmerlin/Hoffmann (1991), S. 249 ff. In Abschnitt 4.4.1 werden natürliche kubische Splinefunktionen ausführlich betrachtet.

[160]Vgl. Schumaker (1981), S. 6.

[161]Vgl. Schoenberg (1946), S. 67.

bezeichnet werden. Eine Funktion $S(x) : [a,b] \rightarrow \mathbb{R}$ heißt Splinefunktion vom Grad $l \geq 0$ zur Knotenmenge Ξ_k, falls diese die folgenden Bedingungen erfüllt:[162]

1. $S(x)$ ist auf dem gesamten Definitionsbereich $(l-1)$-mal stetig differenzierbar. Für $l = 1$ entspricht dies der Forderung, das $S(x)$ stetig ist, für $l = 0$ werden keine Glattheitsanforderungen gestellt.

2. $S(x)$ ist auf den durch die Knoten gebildeten Intervallen ein Polynom vom Grad l.

Splinefunktionen stammen demnach ursprünglich aus dem Gebiet der Interpolation. Reine Interpolationsprobleme treten z. B. in der Mathematik bei der numerischen Lösung von Differentialgleichungen oder in den Ingenieurswissenschaften bei der Interpolation von Messpunkten auf. Kennzeichen von empirischen Daten aus dem Bereich der Wirtschafts- und Sozialwissenschaften ist allerdings, dass diese mehr oder weniger stark verrauscht sind. Die durch das Rauschen überdeckten Strukturen sollen durch Regressionsmethoden aufgedeckt werden. Aus mathematischer Sicht ist hierbei statt eines Interpolationsproblem ein Approximationsproblem zu lösen. Das klassische Approximationswerkzeug der Ökonometrie sind lineare Regressionsmodelle und deren Erweiterungen. Der Begriff *Splineregression* bezeichnet ganz allgemein Regressionsmethoden, welche die Anwendung von Splinefunktionen beinhalten.

Wie bei allen nichtparametrischen Verfahren spielt die Vermeidung einer Überanpassung auch bei Splineregressionsmethoden eine zentrale Rolle. Alle Splineregressionsmethoden lassen sich in dieser Hinsicht grundsätzlich in zwei Kategorien unterteilen: Bei der ersten Kategorie wird eine Überanpassung durch eine geeignete Knotenauswahl vermieden, bei der zweiten durch die Verwendung von Straftermen in der Zielfunktion.[163] Zur ersten Kategorie gehören die verschiedenen Varianten von *Regressionssplinemodellen*[164], die in dieser Arbeit überwiegend verwendet werden. Als Vertreter der zweiten Kategorie werden *P-Spline-Modelle* herangezogen. Bereits deren Bezeichnung leitet sich aus der Verwendung eines Strafterms ab, denn das „P“ leitet sich aus dem englischen Wort „penalized“ ab. Für Regressionssplinemodelle und für P-Spline-Modelle wird in Abschnitt 4.3 jeweils erläutert, wie eine Überanpassung vermieden wird.

Gemeinsam ist allen Arten von Splinefunktionen, dass sich diese auf unterschiedliche Art und Weise darstellen lassen. In der Statistik sind vor allem zwei Darstellungsarten gebräuchlich: *abgeschnittene Potenzen* und *B-Splines*. Im Hinblick auf die Anpassung sind beide Darstellungen gleichwertig. Die B-Spline-Darstellung ist mathematisch komplexer und hat gegenüber den ab-

[162] Vgl. Fahrmeir et al. (2007), S. 295.
[163] Vgl. Fahrmeir et al. (2007), S. 306.
[164] In der Literatur werden diese auch als *Polynomsplinemodelle* bezeichnet.

geschnittenen Potenzen numerische Vorteile.[165] Der Nachteil der B-Spline-Darstellung besteht vor dem Hintergrund der vorgesehenen Anwendung im Zeitbereich aber darin, dass Extrapolationen nicht problemlos möglich sind. Aus diesem Grund werden in dieser Arbeit ausschließlich abgeschnittene Potenzen zur Darstellung der verschiedenen Splinefunktionen verwendet. Im nächsten Abschnitt wird diese Darstellungsart für Splinefunktionen bis zum dritten Grad ausführlich hergeleitet. Anschließend werden weitere Eigenschaften der abgeschnittenen Potenzen diskutiert.

4.2 Darstellung durch abgeschnittene Potenzen

Für die Herleitung wird ein univariates Modell mit einer stetigen Kovariablen

$$Y_i = f(x_i) + \varepsilon_i \tag{4.2}$$

mit $i = 1, \cdots, n$ unterstellt, für die Fehler ε_i gelten die üblichen Annahmen.[166] Im Vergleich zum linearen Modell (2.1) wird der funktionale Zusammenhang bewusst unspezifiziert gelassen. Die Grundidee aller nichtparametrischen Modelle besteht darin, den funktionalen Zusammenhang flexibel aus den Daten zu schätzen. Im Folgenden wird aus Gründen der Übersichtlichkeit das Modell (4.2) nur noch durch Angabe des systematischen Teils $f(x_i)$ spezifiziert.

Zur Einführung der abgeschnittenen Potenzen wird für das Modell (4.2) zunächst ein einfacher linearer Zusammenhang unterstellt:

$$f(x_i) = \beta_0 + \beta_1 x_i \quad . \tag{4.3}$$

Zusätzlich wird für dieses Modell ein totaler Strukturbruch an der Stelle ξ_1 angenommen: Ist die Ausprägung der Kovariablen größer oder gleich ξ_1, ändert sich der lineare Zusammenhang zwischen der Kovariablen und der abhängigen Variablen. Das Strukturbruchmodell kann abschnittsweise definiert werden:

$$f(x_i) = \begin{cases} \beta_0 + \beta_1 x_i & x_i < \xi_1 \\ (\beta_0 + \gamma_0) + (\beta_1 + \gamma_1) x_i & x_i \geq \xi_1 \end{cases} \quad . \tag{4.4}$$

Die Parameter γ_0, γ_1 beschreiben die Veränderung des linearen Zusammenhangs im zweiten

[165] Eine umfassende Abhandlung über B-Splines bietet de Boor (2001).
[166] Vgl. Abschnitt 2.2.1.

Regime. Mit Hilfe der Dummyvariablen

$$d_1 = \begin{cases} 1 & x_i \geq \xi_1 \\ 0 & \text{sonst} \end{cases} \quad . \tag{4.5}$$

kann das Strukturbruchmodell kompakt als

$$f(x_i) = \beta_0 + \beta_1 x_i + \gamma_0 d_1 + \gamma_1 d_1 x_i \tag{4.6}$$

geschrieben werden. Die Dummyvariable kennzeichnet dabei diejenigen Beobachtungen, die zum zweiten Regime gehören. Die Anpassung des Modells (4.6) liefert eine stückweise lineare Funktion, an der Stelle $x_i = \xi_1$ haben die Geraden der beiden Segmente unterschiedliche Funktionswerte. Der Übergang zu einer Splinefunktion ersten Grades beinhaltet die Forderung, dass die Anpassung insgesamt einen stetigen Verlauf aufweisen muss. Technisch müssen dazu die Funktionen der beiden Segmente am Bruchpunkt $x_i = \xi_1$ denselben Funktionswert aufweisen:

$$\begin{aligned} \beta_0 + \beta_1 \xi_1 &= (\beta_0 + \gamma_0) + (\beta_1 + \gamma_1)\xi_1 \\ \Leftrightarrow \quad 0 &= \gamma_0 + \gamma_1 \xi_1 \quad . \end{aligned} \tag{4.7}$$

Es gibt zwei Möglichkeiten, diese Nebenbedingung zu berücksichtigen: Erstens kann das Modell (4.6) direkt mit der Nebenbedingung (4.7) im Rahmen eines restringierten LRM geschätzt werden. Daraus ergibt sich unmittelbar, dass bei der Anpassung ein Freiheitsgrad gespart wird. Die zweite Möglichkeit ist die algebraische Einbindung der Restriktion in das Modell (4.6) selber. Dazu wird die Nebenbedingung (4.7) umgestellt:

$$\begin{aligned} 0 &= \gamma_0 + \gamma_1 \xi_1 \\ \Leftrightarrow \quad \gamma_0 &= -\gamma_1 \xi_1 \quad . \end{aligned} \tag{4.8}$$

Das Einsetzen von (4.8) in Modell (4.6) und das Zusammenfassen der Terme liefert:

$$\begin{aligned} f(x_i) &= \beta_0 + \beta_1 x_i + (-\gamma_1 \xi_1) d_1 + \gamma_1 d_1 x_i \\ &= \beta_0 + \beta_1 x_i + \gamma_1 d_1 (x_i - \xi_1) \quad . \end{aligned} \tag{4.9}$$

Der Ausdruck $d_1(x_i - \xi_1)$ ist aufgrund der Multiplikation mit der Dummyvariablen für $x_i > \xi_1$ stets positiv und für $x_i \leq \xi_1$ gleich null. Auf die Dummyvariable kann verzichtet werden, wenn folgende Schreibweise verwendet wird:

$$(x_i - \xi_1)_+ = \begin{cases} (x_i - \xi_1) & x_i \geq \xi_1 \\ 0 & x_i < \xi_1 \end{cases} \quad .$$

Da alle negativen Werte des Ausdrucks $x_i - \xi_1$ abgeschnitten werden, wird diese Schreibweise als *abgeschnittene Potenz* (engl.: *truncated power series*) bezeichnet. Damit kann das Modell (4.9) dargestellt werden als

$$f(x_i) = \beta_0 + \beta_1 x_i + \gamma_1 (x_i - \xi_1)_+ \quad . \tag{4.10}$$

Dies ist ein Splinemodell ersten Grades, dessen Parameter mit der Methode der kleinsten Quadrate geschätzt werden können. Aus technischer Sicht kann ein Splinemodell demnach als ein totales Strukturbruchmodell mit Nebenbedingung aufgefasst werden. Die Stelle ξ_1 wird im Rahmen der Splineregression als Knoten und nicht als Bruchpunkt bezeichnet. Die Anpassung einer Splineregression vom Grad eins ergibt einen durchgehenden Polygonzug.[167]

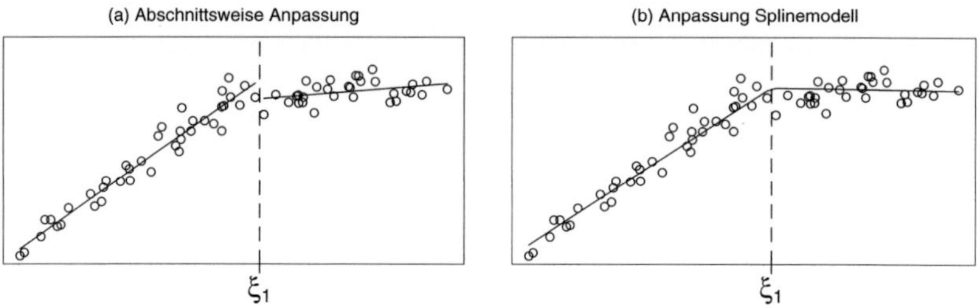

Abbildung 4.2: Anpassung abschnittsweises Polynom und Splinemodell, Grad 1

Für einen simulierten Datensatz ist in Abbildung 4.2 (a) die Anpassung von Modell (4.6) dargestellt, in Abbildung 4.2 (b) diejenige von Modell (4.10). Es ist gut zu erkennen, dass die linearen Anpassungen in den beiden Segmenten im ersten Fall am Knoten ξ_1 unterschiedliche Funktionswerte aufweisen, im zweiten Fall aber an dieser Stelle in den Funktionswerten übereinstimmen.

[167]Vgl. Greene (2003), S. 121 f.

Zur Herleitung von Splinefunktionen zweiten Grades wird im Strukturbruchmodell (4.4) zusätzlich ein quadratischer Term berücksichtigt:

$$f(x_i) = \begin{cases} \beta_0 + \beta_1 x_i + \beta_2 x_i^2 & x_i < \xi_1 \\ (\beta_0 + \gamma_0) + (\beta_1 + \gamma_1) x_i + (\beta_2 + \gamma_2) x_i^2 & x_i \geq \xi_1 \end{cases} \quad . \tag{4.11}$$

Dieses Modell hat bereits nichtparametrischen Charakter, weil dessen Koeffizienten im Vergleich zum linearen Fall kaum noch zu interpretieren sind und die univariate Anpassung bei sechs verbrauchten Freiheitsgraden bereits sehr adaptiv ist. Mit Hilfe der Dummyvariablen (4.5) lässt sich das Modell analog zum linearen Fall wieder in einer Gleichung darstellen:

$$f(x_i) = \beta_0 + \beta_1 x_i + \beta_2 x_i^2 + \gamma_0 d_1 + \gamma_1 d_1 x_i + \gamma_2 d_1 x_i^2 \quad . \tag{4.12}$$

In diesem Modell werden nun zwei Restriktionen berücksichtigt: Die beiden quadratischen Teilfunktionen sollen am Knoten ξ_1 sowohl im Funktionswert als auch in der Steigung übereinstimmen. Letzteres beinhaltet, dass die erste Ableitung der beiden Teilfunktionen am Knoten identisch sein muss. Beide Restriktionen als Gleichung formuliert liefern

$$\begin{aligned} & \beta_0 + \beta_1 \xi_1 + \beta_2 \xi_1^2 = (\beta_0 + \gamma_0) + (\beta_1 + \gamma_1)\xi_1 + (\beta_2 + \gamma_2)\xi_1^2 \\ \Leftrightarrow \quad & 0 = \gamma_0 + \gamma_1 \xi_1 + \gamma_2 \xi_1^2 \end{aligned} \tag{4.13}$$

und

$$\begin{aligned} & \beta_1 + 2\beta_2 \xi_1 = (\beta_1 + \gamma_1) + 2(\beta_2 + \gamma_2)\xi_1 \\ \Leftrightarrow \quad & 0 = \gamma_1 + 2\gamma_2 \xi_1 \quad . \end{aligned} \tag{4.14}$$

In Modell (4.12) werden nun analog zur Vorgehensweise im linearen Fall die Koeffizienten γ_0 und γ_1 durch Linearkombinationen aus γ_2 ersetzt, die sich aus den Nebenbedingungen ergeben. Aus (4.14) ergibt sich sofort

$$\gamma_1 = -2\gamma_2 \xi_1 \quad . \tag{4.15}$$

Das Einsetzen in die Nebenbedingung (4.13) liefert die gesuchte Linearkombination von γ_0:

$$\begin{aligned} & \gamma_0 = -\gamma_1 \xi_1 - \gamma_2 \xi_1^2 \\ \Leftrightarrow \quad & \gamma_0 = -(-2\gamma_2 \xi_1)\xi_1 - \gamma_2 \xi_1^2 \\ \Leftrightarrow \quad & \gamma_0 = \gamma_2 \xi_1^2 \quad . \end{aligned} \tag{4.16}$$

Die Nebenbedingungen (4.15) und (4.16) werden dann in Modell (4.12) eingesetzt, anschließend wird das Modell wieder vereinfacht:

$$\begin{aligned} f(x_i) &= \beta_0 + \beta_1 x_i + \beta_2 x_i^2 + (\gamma_2 \xi_1^2) d_1 + (-2\gamma_2 \xi_1) d_1 x_i + \gamma_2 d_1 x_i^2 \\ &= \beta_0 + \beta_1 x_i + \beta_2 x_i^2 + \gamma_2 d_1 (x_i^2 - 2 x_i \xi_1 + \xi_1^2) \\ &= \beta_0 + \beta_1 x_i + \beta_2 x_i^2 + \gamma_2 d_1 (x_i - \xi_1)^2 \\ &= \beta_0 + \beta_1 x_i + \beta_2 x_i^2 + \gamma_2 (x_i - \xi_1)_+^2 \quad . \end{aligned} \tag{4.17}$$

In der letzten Zeile wird wieder die Schreibweise der abgeschnittenen Potenzen verwendet. Alternativ können die beiden Nebenbedingungen auch im Rahmen eines restringierten LRM im Modell (4.12) eingebunden werden. Die Anpassung dieses Splinemodells zweiten Grades stellt eine stückweise quadratische Funktion dar, die an jeder Stelle stetig und einmal differenzierbar ist. Durch die Berücksichtigung von zwei Restriktionen werden im Vergleich zum abschnittsweisen quadratischen Modell (4.12) zwei Freiheitsgrade eingespart.

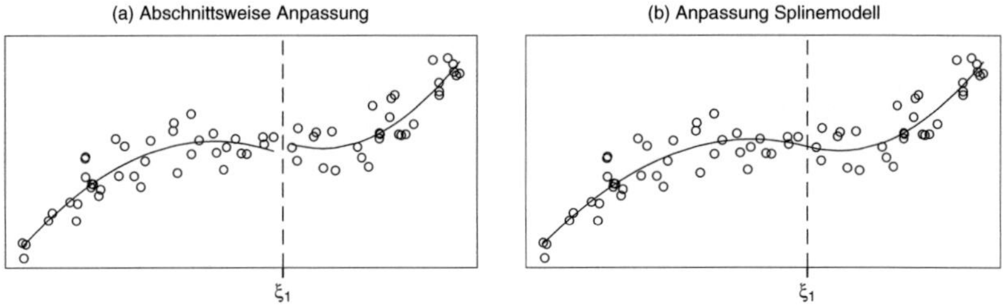

Abbildung 4.3: Anpassung abschnittsweises Polynom und Splinemodell, Grad 2

In Abbildung 4.3 (a) ist die Anpassung des abschnittsweisen quadratischen Modells (4.12) und in Abbildung 4.3 (b) die des quadratischen Splinemodells (4.17) an einen simulierten Datensatz dargestellt. Im ersten Fall handelt es sich bei der Anpassung insgesamt um eine abschnittsweise quadratische Funktion. In Abbildung 4.3 (b) ist hingegen der charakteristische glatte Verlauf der Anpassung eines quadratischen Splinemodells gut zu erkennen.

Die Herleitung einer Splinefunktion dritten Grades erfolgt analog. Es wird von einem kubischen Strukturbruchmodell

$$f(x_i) = \beta_0 + \beta_1 x_i + \beta_2 x_i^2 + \beta_3 x_i^3 + \gamma_0 d_1 + \gamma_1 d_1 x_i + \gamma_2 d_1 x_i^2 + \gamma_3 d_1 x_i^3 \tag{4.18}$$

ausgegangen. Am Knoten ξ_1 wird gefordert, dass die kubischen Teilfunktionen im Funktionswert, in der ersten Ableitung und in der zweiten Ableitung übereinstimmen. Dies impliziert die drei Nebenbedingungen

$$0 = \gamma_0 + \gamma_1\xi_1 + \gamma_2\xi_1^2 + \gamma_3\xi_1^3 \quad , \tag{4.19}$$

$$0 = \gamma_1 + 2\gamma_2\xi_1 + 3\gamma_3\xi_1^2 \quad , \tag{4.20}$$

$$0 = 2\gamma_2 + 6\gamma_3\xi_1 \quad . \tag{4.21}$$

Analog zur Vorgehensweise beim quadratischen Splinemodell lassen sich die Koeffizienten γ_0, γ_1 und γ_2 als Linearkombinationen von γ_3 darstellen. Werden diese in Modell (4.18) eingesetzt, liefert das Zusammenfassen unter Verwendung der Schreibweise der abgeschnittenen Potenzen

$$f(x_i) = \beta_0 + \beta_1 x_i + \beta_2 x_i^2 + \beta_3 x_i^3 + \gamma_3(x_i - \xi_1)_+^3 \quad , \tag{4.22}$$

ein Splinemodell dritten Grades mit einem Knoten an der Stelle ξ_1.[168] Die Anpassung dieses Modells entspricht einer stückweisen kubischen Funktion, die an jeder Stelle stetig und zweimal differenzierbar ist. Durch die Berücksichtigung von drei Restriktionen werden im Vergleich zu Modell (4.18) ebensoviele Freiheitsgrade eingespart. Alternativ können auch hier die drei Nebenbedingungen im Rahmen eines restringierten LRM im Modell (4.18) berücksichtigt werden.

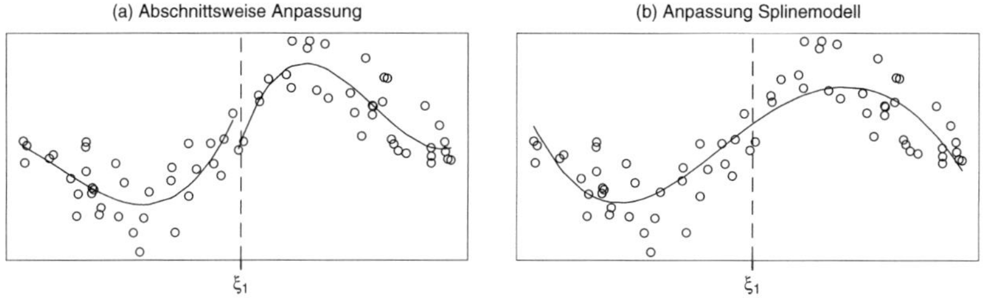

Abbildung 4.4: Anpassung abschnittsweises Polynom und Splinemodell, Grad 3

Für einen simulierten Datensatz ist in Abbildung 4.4 (a) die Anpassung des abschnittsweisen kubischen Modells (4.18) dargestellt, in Abbildung 4.4 (b) diejenige des kubischen Splinemodells (4.22). Im Vergleich zum quadratischen Splinemodell wirkt die Anpassung insgesamt noch glatter, da am Knoten ξ_1 neben dem Funktionswert und der Steigung zusätzlich noch die Krümmung der beiden kubischen Teilfunktionen übereinstimmt. Bei Splinefunktionen, deren Grad höher als drei ist, stimmen am Knoten zusätzlich noch die entsprechenden höheren Ableitungen der beiden Teilfunktionen überein. Diese zusätzlichen Übereinstimmungen sind für das

[168] Die ausführliche Herleitung findet sich in Abschnitt A.3 im Anhang.

menschliche Auge jedoch nicht mehr wahrnehmbar.[169] Daher werden in der Praxis meist nur Splinefunktionen verwendet, deren Grad maximal drei beträgt.

Wird bei der Modellierung ein stetig-differenzierbarer Verlauf der Anpassung angestrebt, muss demnach entschieden werden, ob Splinefunktionen zweiten oder dritten Grades verwendet werden sollen. Neben dem vergleichsweise glatteren Verlauf spricht ein aus der Theorie abgeleitetes Argument für die Verwendung von Splinefunktionen dritten Grades. Im Rahmen einer theoretischen Betrachtung zum Bias-Varianz-Tradeoff von lokalen polynomialen Modellen kann gezeigt werden, dass bei solchen Modellen eine zusätzliche Verzerrung bei der Schätzung des wahren funktionalen Zusammenhangs auftritt, wenn statt ungeraden Polynomgraden gerade Polynomgrade verwendet werden.[170] Für Splinefunktionen liegen keine theoretischen Ergebnisse zum Bias-Varianz-Tradeoff vor. Bei der Herleitung der abgeschnittenen Potenzen wurde aber deutlich, dass lokale polynomiale Modelle als Vorstufe von Splinefunktionen betrachtet werden können. Es liegt daher die Vermutung nahe, dass auch Splinefunktionen ungeraden Grades günstigere asymptotische Eigenschaften aufweisen. Aus diesem Grund werden in dieser Arbeit ausschließlich Splinefunktionen dritten Grades verwendet.

Bislang wurden Modelle mit einem einzigen Knoten betrachtet. Da für jeden weiteren Knoten die Nebenbedingungen strukturell identisch sind, ist die Hinzunahme bzw. Entfernung eines Knotens durch Hinzunahme bzw. Entfernung einer entsprechenden abgeschnittenen Potenz möglich. Ein kubisches Splinemodell mit k Knoten lässt sich also durch

$$f(x_i) = \sum_{j=0}^{3} \beta_j x_i^j + \sum_{j=1}^{k} \gamma_j (x_i - \xi_j)_+^3 \tag{4.23}$$

darstellen. Es handelt sich hierbei um ein Regressionssplinemodell mit $4 + k$ zu schätzenden Parametern. Mit jedem zusätzlichen Knoten wird ein zusätzlicher Freiheitsgrad verbraucht, die Adaptivität der Anpassung wird demnach bei vorgegebenem Grad der Splinefunktion durch die Anzahl der verwendeten Knoten gesteuert. Wie bereits erwähnt, wird eine Überanpassung bei Regressionssplinemodellen durch eine geeignete Knotenwahl vermieden. Entsprechende Ausführungen sind Gegenstand von Abschnitt 4.3.1.

Im Rahmen dieser Arbeit werden Splinefunktionen ausschließlich für die Modellierung und Prognose von Trend- und Saisonfiguren eingesetzt. Hierzu wird im Modell (4.23) der laufende diskrete Zeitindex als Kovariable verwendet. Eine Prognose wird dann grundsätzlich wie beim

[169] Vgl. Hastie et al. (2009), S. 144.
[170] Vgl. Fahrmeir et al. (2007), S. 349 f.

einfachen linearen Trendmodell berechnet, indem der fortgeschriebene Zeitindex als Prognosekovariable genutzt wird.

Die Darstellung in Form von abgeschnittenen Potenzen hat darüber hinaus den Vorteil, dass durch die zusätzliche Aufnahme von abgeschnittenen Potenzen niedrigeren Grades am entsprechenden Knoten ein Sprung in Bezug auf den Funktionswert oder einer bestimmten Ableitung erzielt werden kann. Dies eröffnet eine Vielzahl von Möglichkeiten bei der manuellen Modellierung, insbesondere bei der Modellierung von Strukturbrüchen. Da weder manuelle Modellierungsstrategien noch die Modellierung von Strukturbrüchen Gegenstand der Untersuchung sind, sei für eine ausführliche Betrachtung dieser Themengebiete auf die zitierte Literatur verwiesen.[171] Zwei wesentliche Nachteile der abgeschnittenen Potenzen sind numerischer Natur und bestehen darin, dass diese untereinander sehr stark korreliert sind und darüber hinaus betraglich sehr große Werte annehmen können. Unter Umständen kann dies bei der Parameterschätzung zu Problemen führen. Im Rahmen dieser Untersuchung sind jedoch keine Schwierigkeiten aufgetreten.[172]

Wie beim linearen Modell kann auch bei der Anwendung von Splinefunktionen auf Zeitreihen nicht immer davon ausgegangen werden, dass die Fehler im Modell (4.2) seriell unkorreliert sind. Unter Umständen kann es bei bestimmten Korrelationsstrukturen bei der Anpassung von sehr flexiblen nichtparametrischen Modellen vorkommen, dass kurzfristige serielle Strukturen zusätzlich durch das Modell beschrieben werden. In diesem Fall ist dann zum einen die Schätzung der Mittelwertstruktur verzerrt, und zum anderen kann ein Box-Jenkins-Modell in der verbleibenden Restkomponente kaum noch identifiziert werden.[173] Das Problem seriell korrelierter Fehler ist insbesondere für Verfahren relevant, bei denen ein Glättungsparameter automatisch aus den Daten bestimmt wird. Für die in dieser Arbeit verwendeten Verfahren ist dies nur bei P-Spline-Modellen der Fall. In Abschnitt 4.3.2 wird dieser Sachverhalt näher betrachtet.

Der Grundgedanke von allen nichtparametrischen Verfahren ist die lokale Approximation. Dies gilt auch für die im folgenden Abschnitt betrachteten Regressionssplinemodelle und P-Spline-Modelle. Die Prognose im Zeitbereich auf Basis eines solchen Verfahrens beinhaltet stets die Fortschreibung der lokalen Approximation. Auf den ersten Blick erscheint daher die Erstellung von Prognosen auf Basis von nichtparametrischen Modellen für Zeitreihen, die eine ausgeprägte Saisonfigur aufweisen, wenig erfolgversprechend. Aufgrund der hohen Frequenz der hier betrachteten Zeitreihen können die durch die Saisonfigur verursachten wöchentlichen Verände-

[171] Vgl. Poirier (1976), Smith (1979) und Wold (1974).
[172] Vgl. de Boor (2001), S. 84 f und Wand (2000), S. 446.
[173] Vgl. Fahrmeir et al. (2007), S. 327 ff. Ein anschauliches Beispiel für diesen Effekt ist in Opsomer et al. (2001), S. 3 f zu finden.

rungen aber als lokale Trendfiguren aufgefasst werden. Daher ist bei kurzen Prognosehorizonten die Verwendung von nichtparametrischen Verfahren auch in Gegenwart einer Saisonfigur gerechtfertigt. Liefern die Verfahren in Gegenwart einer Saisonfigur verlässliche Prognosen, kann dies auch für Zeitreihen ohne Saisonkomponente erwartet werden. Bei der Veranschaulichung der verschiedenen Verfahren wird daher im Folgenden stets eine Zeitreihe verwendet, die sowohl eine Trendkomponente als auch eine Saisonkomponente enthält.

4.3 Vermeidung von Überanpassung

In Abschnitt 2.3 wurde darauf hingewiesen, dass die Vermeidung von Überanpassung bei allen nicht- und semiparametrischen Verfahren eine zentrale Rolle spielt. Bei Regressionssplinemodellen ist hierfür eine geeignete Knotenwahl erforderlich. In Abschnitt 4.3.1 wird dieser Sachverhalt zunächst genauer betrachtet. Anschließend wird eine neue Knotenwahlstrategie vorgeschlagen, die auf dem in Kapitel 3 vorgestellten Algorithmus zur Strukturbrucherkennung beruht. Bei den in Abschnitt 4.3.2 vorgestellten P-Spline-Modellen wird hingegen die Überanpassung durch die Verwendung eines Strafterms in der Zielfunktion vermieden, die Stärke der Glättung wird dabei durch einen Glättungsparameter gesteuert. Die geeignete Bestimmung dieses Glättungsparameters ist bei der Anpassung von P-Spline-Modellen wesentlich. Hierfür wird mit der *generalisierten Kreuzvalidierung* ein klassisches Verfahren verwendet, das ebenfalls vorgestellt wird.

4.3.1 Regressionssplinemodelle

Die Adaptivität von Regressionssplinemodellen wird durch die Anzahl und die Positionierung der Knoten bestimmt. Wird die Anzahl der Knoten und damit die Anzahl der zu verbrauchenden Freiheitsgrade vorgegeben, gibt es drei klassische Möglichkeiten zur Positionierung der Knoten. Bei der *äquidistanten Knotenwahl* werden die Knoten gleichmäßig über die beobachtete Spannweite der entsprechenden Kovariablen verteilt. Sind bei Querschnittsdaten die Kovariablenausprägungen unregelmäßig über die beobachtete Spannweite verteilt, kann eine *quantilsbezogene Knotenwahl* sinnvoll sein. Diese führt dazu, dass in Bereichen mit vielen Beobachtungen die Knotendichte höher ist als in Bereichen mit weniger Beobachtungen. Wird der laufende Zeitindex als Kovariable verwendet, sind die äquidistante und die quantilsbezogene Knotenwahl identisch. Die dritte klassische Methode besteht in einer *manuellen Knotenwahl* auf Basis von Streudiagrammen, welche bei einer automatisierten Anwendung nicht in Frage kommt.[174] Daher werden hier für diejenigen Varianten von Splinefunktionen, bei denen eine Knotenzahl fest vorgegeben wird, äquidistante Knoten verwendet.

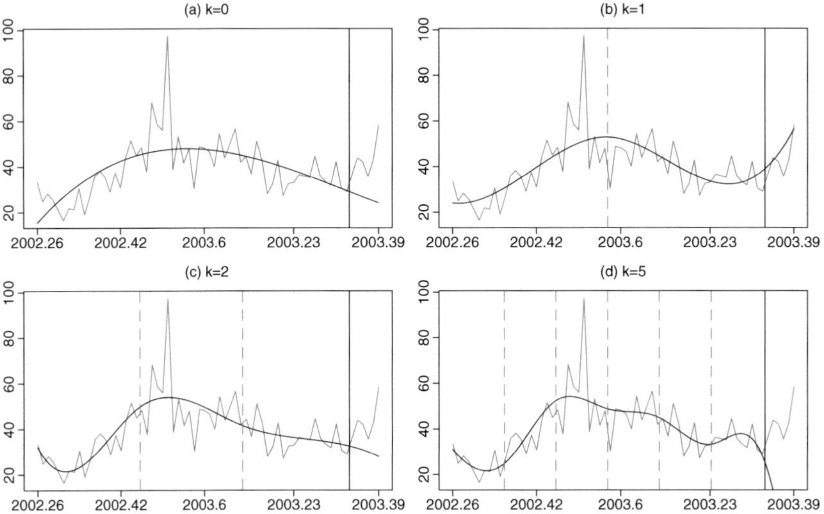

Abbildung 4.5: Anpassungen und Prognosen kubischer Regressionssplinemodelle

In Abbildung 4.5 ist illustriert, wie sich eine Erhöhung der Anzahl äquidistanter Knoten auf die Anpassung und Prognose eines kubischen Regressionssplinemodells auswirkt. Grundlage der Darstellung sind die ersten 66 Beobachtungen der in Abbildung 1.1 (b) dargestellten Zeitreihe, zu der zusätzlich ein linearer Trend addiert wurde. Da die Abverkaufsspitze am Ende des Jahres nicht explizit mit modelliert wird, wirkt diese hier wie ein Ausreißer. Alle Modelle werden auf Basis der ersten 60 Beobachtungen angepasst, anschließend wird für die darauffolgenden 6 Zeitpunkte jeweils eine Prognose berechnet.[175] Die Grenze zwischen dem Anpassungs- und Prognosezeitraum ist durch die vertikale schwarze Linie markiert, die Positionen der Knoten sind durch vertikale grau gestrichelte Linien gekennzeichnet. In Abbildung 4.5 (a) sind die Anpassung und Prognose des globalen kubischen Trendmodells dargestellt. Dieses Modell kann als Spezialfall eines kubischen Regressionssplinemodells mit $k = 0$ Knoten betrachtet werden. Offensichtlich ist die Anpassungs- und Prognosegüte nicht gut, insbesondere wird der Verlauf der Saisonfigur nur unzureichend erfasst. Die Anpassung ist in einem größeren Bereich um die Abverkaufsspitze herum leicht nach oben verzerrt. Die Anpassung und Prognose eines kubi-

[174] Vgl. Fahrmeir et al. (2007), S. 301 ff.

[175] Diese Stichprobengröße und dieser Prognosehorizont werden auch in der empirischen Untersuchung verwendet, vgl. Kapitel 5.

schen Splinemodells mit $k = 1$ Knoten ist in Abbildung 4.5 (b) zu sehen. Für dieses Modell ist sowohl die Anpassungs- als auch die Prognosegüte vergleichsweise gut, auch hier ist die Anpassung im Bereich der Abverkaufsspitze in beiden Segmenten leicht nach oben verschoben. Beim Regressionssplinemodell mit $k = 2$ Knoten wird die Saisonfigur insgesamt besser abgebildet und die Verzerrung der Anpassung aufgrund der Abverkaufsspitze hat im dritten Segment kaum noch Auswirkungen. Die Prognosegüte ist in diesem Modell jedoch schlechter, da der Anstieg der Saisonfigur nicht vorhergesagt wird. Für das Modell mit $k = 5$ Knoten werden bei der Anpassung auch kleinräumige Strukturen sehr genau erfasst, daher ist auch die Anpassung im Bereich der Abverkaufsspitze insgesamt stärker verzerrt als zuvor. Im ersten, fünften und sechsten Segment wirkt sich die Abverkaufsspitze kaum noch auf die Anpassung aus. Die Prognose auf Basis dieses Modells ist jedoch völlig unbrauchbar.

Bezüglich der Wirkung von Ausreißern in Regressionssplinemodellen macht das Beispiel in Abbildung 4.5 deutlich, dass sich ein Ausreißer bei zunehmender Knotenanzahl tendenziell nur noch auf die Anpassung in der näheren Umgebung des Ausreißers auswirkt. Dafür ist dann die Verzerrung in der Nähe des Ausreißers umso stärker. Im Vergleich zu den in Abschnitt 2.5 beschriebenen klassischen Modellen sind die Auswirkungen eines Ausreißers auf die Anpassung aber als moderat einzustufen. Tritt ein Ausreißer am Ende der Anpassungsstichprobe auf, ist dennoch grundsätzlich mit einer Beeinträchtigung der Prognosequalität zu rechnen. Vor der Modellierung und Prognose der Trend- und Saisonfigur auf Basis von Splinefunktionen ist daher immer eine Ausreißerbereinigung empfehlenswert.

Die Abbildung 4.5 liefert darüber hinaus ein anschauliches Beispiel für den Bias-Varianz-Tradeoff. Durch eine Erhöhung der Knotenzahl und damit der Komplexität des Modells kann die Anpassungsgüte grundsätzlich verbessert werden, ab einem bestimmten Komplexitätsgrad nimmt die Prognosegüte hingegen wieder ab. In Abschnitt 2.3 wurde erläutert, dass sich der erwartete quadrierte Prognosefehler additiv aus dem irreduziblen Prognosefehler, der quadrierten Verzerrung und der Varianz der Schätzung zusammensetzt. Für das in der Abbildung betrachtete Beispiel wird der erwartete quadrierte Prognosefehler für das globale kubische Trendmodell von der quadrierten Verzerrung dominiert, da dieses Modell für die vorhandene Struktur zu sparsam ist. Beim Splinemodell mit $k = 5$ Knoten ist die Verzerrung aufgrund der hohen Adaptivität eher gering, hier ist die Varianz der Schätzung für den hohen erwarteten quadrierten Prognosefehler verantwortlich. Das Verhältnis zwischen quadrierter Verzerrung und Varianz der Schätzfunktion ist bei der in diesem Beispiel betrachteten Zeitreihe beim Modell mit $k = 1$ Knoten am günstigsten. Über die quadrierte Verzerrung kann in der Praxis keine Aussage getroffen werden, da dies die Kenntnis des wahren funktionalen Zusammenhangs voraussetzt. Die Varianz der Schätzfunktion kann hingegen für viele Modelle berechnet werden, insbesondere für alle in dieser Arbeit verwendeten Varianten von Splinefunktionen.

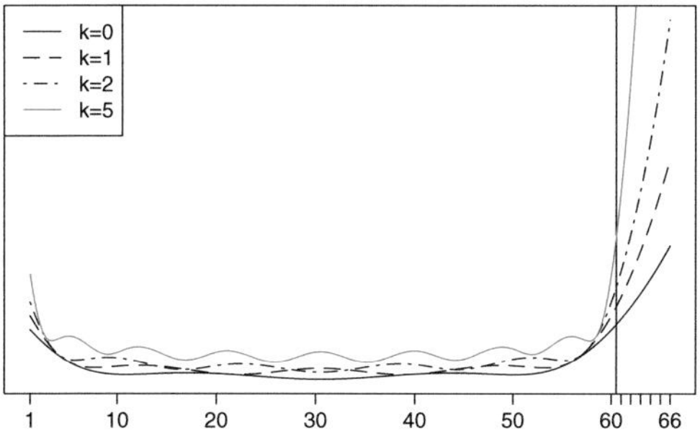

Abbildung 4.6: Anpassungs- und Prognosevarianzen kubischer Regressionssplinemodelle

Da bei der Modellierung der Trend- und Saisonfigur mit Splinefunktionen der laufende Zeitindex als Kovariable verwendet wird, lässt sich die Schätzvarianz für Regressionssplinemodelle sofort mit Hilfe der Schätzvarianz für einfache lineare Modelle (2.12) berechnen. Fällt ein Zeitindex in den Prognosezeitraum, wird die zugehörige Varianz im Folgenden als *Prognosevarianz* und ansonsten als *Anpassungsvarianz* bezeichnet. Für die vier in Abbildung 4.5 verwendeten Modelle sind in Abbildung 4.6 die Schätzvarianzen gegen den Zeitindex abgetragen.[176] Aus dieser Abbildung lassen sich zwei wichtige Schlüsse ziehen: Zum einen zeigt sich, dass mit zunehmendem Komplexitätsgrad des Modells die Schätzvarianz zunimmt. Zum anderen wird deutlich, dass die Unsicherheit der Prognose mit steigendem Prognosehorizont überproportional steigt, was sich in einer exponentiellen Zunahme der Prognosevarianz widerspiegelt. Es ist zu erwarten, dass bei einem Modell mit einer vergleichsweise hohen Prognosevarianz der erwartete quadrierte Prognosefehler durch die Prognosevarianz dominiert wird und daher keine guten Prognoseresultate zu erwarten sind. Aufgrund des exponentiellen Anstiegs der Prognosevarianz kommt daher dem Sparsamkeitsprinzip im Kontext der Zeitreihenprognose eine überragende Bedeutung zu. Für Regressionssplinemodelle beinhaltet dies bei gegebenem Grad der Splinefunktion eine möglichst sparsame Knotenwahl. In Abschnitt 4.4 werden weitere Ansätze zur Reduzierung der Prognosevarianz bei Verwendung von Splinefunktionen vorgestellt.

Sollen sowohl die Anzahl als auch die Position der Knoten eines Regressionssplinemodells im Rahmen einer automatischen Modellierung bestimmt werden, muss ein *adaptives Knoten-*

[176]Die Darstellung der Schätzvarianzen von verschiedenen Modellen ist angelehnt an Hastie et al. (2009), S. 145. Für die Abbildung werden die Varianzen nicht nur an den diskreten Zeitpunkten selber, sondern auch an unbeobachtbaren nichtganzzahligen Zeitpunkten berechnet, um einen stetigen Verlauf der Varianzfunktion zu erzielen. Des Weiteren wird $\sigma^2 = 1$ gesetzt. Da für die Betrachtung der absolute Wert der Varianzen keine Rolle spielt, ist die y-Achse nicht mit einer Skala versehen.

wahlverfahren zum Einsatz kommen. Alle in der Literatur beschriebenen Verfahren sind vergleichsweise kompliziert und rechenaufwändig.[177] Im Rahmen der durchgeführten Untersuchung ist jedoch nur die Frage relevant, ob eine adaptive Knotenwahl überhaupt zu einer Verbesserung der Prognosegüte beitragen kann. Daher wird auf eine ausführliche Diskussion der Stärken und Schwächen der existierenden adaptiven Knotenwahlverfahren sowie deren Eignung zur Anwendung auf Zeitreihenmassendaten verzichtet. Im Folgenden wird eine Knotenwahlstrategie vorgeschlagen, die für diesen Anwendungshintergrund besonders geeignet erscheint.

Bei der Herleitung der abgeschnittenen Potenzen hat sich gezeigt, dass Splinefunktionen als spezielle Strukturbruchmodelle betrachtet werden können. Aus diesem Grund liegt es nahe, die adaptive Knotenpositionierung auf Basis von Strukturbrüchen vorzunehmen. In Kapitel 3 wurde ein effizienter Algorithmus zur Erkennung von Strukturbrüchen vorgestellt. Wird dieser Algorithmus zur adaptiven Knotenwahl in Regressionssplinemodellen dritten Grades verwendet, ist noch zu entscheiden, welches Modell bei der Strukturbrucherkennung zugrunde zu legen ist. Aus den folgenden Grundregeln für die manuelle Knotenpositionierung bei kubischen Regressionssplinemodellen lassen sich Rückschlüsse für die Auswahl eines geeigneten Modells ziehen:[178]

- Die Knoten sollten bei beobachteten Kovariablenausprägungen liegen.
- In jedem Segment sollten mindestens 5 Beobachtungen enthalten sein.
- Bezogen auf den Verlauf der zu approximierenden Funktion sollte in jedem Segment maximal ein Extremum und ein Wendepunkt liegen.
- Die Extrema sollten dabei in der Mitte der einzelnen Segmente liegen, die Wendepunkte in der Nähe der Knoten.

Da Strukturbrüche immer bestimmten Zeitpunkten zugeordnet sind, ist der erste Punkt unabhängig vom verwendeten Strukturbruchmodell bei Verwendung des Algorithmus immer erfüllt. Durch die Vorgabe einer geeigneten Mindestlänge kann im Rahmen des Verfahrens der zweite Punkt sichergestellt werden. Die Umsetzung des dritten und vierten Punktes kann tendenziell dadurch erreicht werden, dass dem Erkennungsalgorithmus ein Mittelwertmodell zugrunde gelegt wird.

[177] Vgl. Ruppert et al. (2003), S. 65. Einen Überblick über verschiedene adaptive Verfahren ist in Fahrmeir et al. (2007), S. 359 ff und Wand (2000) zu finden.
[178] Vgl. Wegman/Wright (1983), S. 354 und Wold (1974), S. 3.

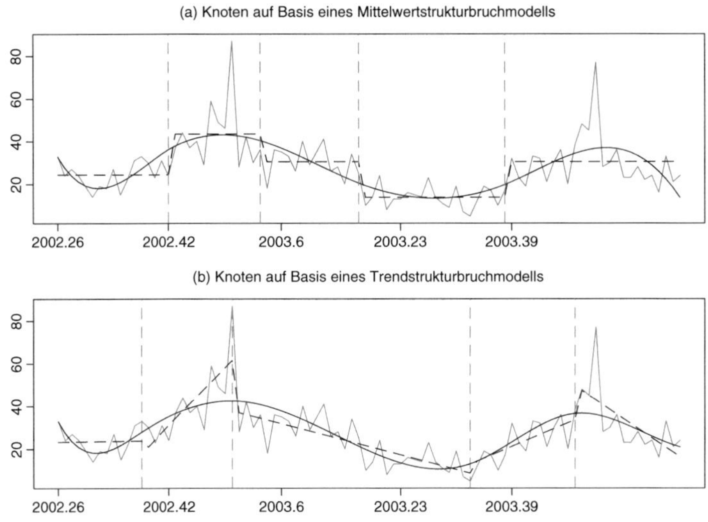

Abbildung 4.7: Adaptive Knotenwahl durch Bruchpunkterkennung

Zur Verdeutlichung des letzten Aspektes ist in Abbildung 4.7 (a) die Strukturbrucherkennung für die Zeitreihe aus Abbildung 1.2 auf Basis eines Mittelwertmodells dargestellt und in Abbildung 4.7 (b) auf Basis eines linearen Trendmodells. Die Positionen der Knoten sind durch die vertikalen, grau gestrichelte Linien markiert. Die Anpassungen der Splinemodelle sind als schwarze durchgehende Linien und die Anpassungen der Strukturbruchmodelle als schwarz gestrichelte Linien eingetragen. In beiden Fällen ist die Anzahl der Knoten identisch und es sind nicht mehr als ein Wendepunkt und ein Extremum in jedem Segment enthalten. Auch der Verlauf der Anpassungen der Splinemodelle ist ähnlich. Im Hinblick auf die Positionen der Knoten befinden sich diese beim linearen Trendmodell aber tendenziell in der Nähe der lokalen Extrema, da sich die Zeitreihe in den so gebildeten Segmenten besser durch abschnittsweise lineare Funktionen approximieren lässt. Beim Mittelwertmodell hingegen befinden sich die Knoten tendenziell in der Nähe der Wendepunkte, da die Approximation der Zeitreihe durch lokale Mittelwerte dann besser gelingt.

Bei der automatisierten Anwendung auf Zeitreihenmassendaten hat die Verwendung eines Mittelwertstrukturbruchmodells weitere Vorteile. Da die Anpassung dieses Modells lediglich die Berechnung von Mittelwerten beinhaltet, kann im Rahmen des Erkennungsverfahrens die Dreiecksmatrix der Residuenquadratsummen sehr schnell berechnet werden. Des Weiteren ist dieses Modell bei Vorgabe einer entsprechenden Mindestlänge der Segmente auch im Hinblick auf mögliche serielle Korrelationsstrukturen in der Restkomponente vergleichsweise unempfindlich. Insgesamt ist daher für die adaptive Knotenwahl bei kubischen Regressionssplinemodellen die Verwendung eines Mittelwertstrukturbruchmodells am besten geeignet.

4.3.2 P-Spline-Modelle

Die P-Spline-Modelle sind das Standardwerkzeug in der nicht- und semiparametrischen Statistik.[179] Wie bereits erwähnt, wird bei diesen Modellen eine Überanpassung durch Verwendung eines Strafterms in der Zielfunktion vermieden. Ausgangspunkt eines kubischen P-Spline-Modells ist ein kubisches Regressionssplinemodell (4.23), bei dem eine vergleichsweise große Anzahl von Knoten verwendet wird. In diesem Modell wird eine Überanpassung vermieden, indem im Rahmen der Koeffizientenschätzung der Einfluss der abgeschnittenen Potenzen auf die Anpassung reduziert wird. Dies wird dadurch erreicht, dass die zugehörigen Koeffizienten durch einen zusätzlichen Strafterm geschrumpft werden. Die Struktur des P-Spline-Schätzers entspricht daher exakt derjenigen des Ridgeschätzers aus Abschnitt 2.2.3:

$$\hat{\beta}_{\text{P-Sp}} = (X'X + \lambda^6 D)^{-1} X'y \tag{4.24}$$

mit

$$D = \begin{pmatrix} 0_{4\times4} & 0_{4\times k} \\ 0_{k\times4} & I_k \end{pmatrix} \quad . \tag{4.25}$$

Die Designmatrix X ist mit der eines kubischen Regressionssplinemodells identisch. Im Vergleich zum Ridge-Schätzer (2.20) wird als Potenz des Glättungsparameters statt einer 2 der Wert 6 verwendet. Dies liegt daran, dass bei einem P-Spline-Modell das Produkt $2p$ als Potenz des Glättungsparameters verwendet werden sollte, wobei p dem Grad der zugrunde liegenden Splinefunktion entspricht. Diese Modifikation bewirkt, dass nach der Multiplikation der Kovariablen mit einer Konstanten der Glättungsparameter nicht erneut ermittelt werden muss, sondern sich aus der Multiplikation mit der Konstanten ergibt.[180] Diese Invarianzeigenschaft in Bezug auf Lineartransformationen von Kovariablen ist vor allem bei Querschnittsdaten relevant.

Entscheidend für die Vermeidung der Überanpassung im P-Spline-Modell ist die Wahl des Glättungsparameters. Für $\lambda = 0$ verschwindet der Strafterm und die Anpassung entspricht der des

[179] Vgl. Ruppert et al. (2003), S. 65 ff.
[180] Vgl. Ruppert et al. (2003), S. 69 f.

zugrunde liegenden Regressionssplinemodells. Für $\lambda \to \infty$ verringert sich der Einfluss der abgeschnittenen Potenzen zunehmend und die Anpassung entspricht für sehr große Werte von λ der eines globalen kubischen Trendmodells. Die Adaptivität der Anpassung kann also mit Hilfe des Glättungsparameters stetig variiert werden. Aus diesem Grund ist der P-Spline-Schätzer in der ökonometrischen Praxis weit verbreitet.[181] Es gibt verschiedene Möglichkeiten, den Glättungsparameter λ automatisch zu bestimmen. Die Minimierung der Residuenquadratsumme kommt hierfür nicht in Frage, da bei diesem Zielkriterium immer ein Glättungsparameter von $\lambda = 0$ und damit das maximal adaptive Modell ausgewählt wird.[182] Das klassische und in dieser Arbeit hierfür verwendete Verfahren ist die *generalisierte Kreuzvalidierung*, die im Folgenden kurz erläutert wird.

Ausgangspunkt der Herleitung ist das *Kreuzvalidierungskriterium*, das für ein gegebenes λ definiert ist als

$$CV(\lambda) = \frac{1}{T}\sum_{t=1}^{T}\left(y_t - x_t'\hat{\beta}_{\text{P-Sp}}^{(-t)}\right)^2 \quad . \tag{4.26}$$

Dabei ist $\beta_{\text{P-Sp}}^{(-t)}$ der Koeffizientenschätzer (4.24), welcher unter Auslassung der t-ten Beobachtung ermittelt wurde, und x_t die t-te Zeile aus der Designmatrix. Würde es sich um Querschnittsdaten handeln, entspräche der Ausdruck $x_t'\hat{\beta}_{\text{P-Sp}}^{(-t)}$ einer Prognose mit dem Kovariablenvektor x_t. Da die Daten hier zeitlich geordnet sind und die Kovariablenvektoren x_t alle im Anpassungszeitraum liegen, ist der Ausdruck $x_t'\hat{\beta}_{\text{P-Sp}}^{(-t)}$ hier als Interpolation interpretierbar. Auf Grundlage der Definition (4.26) müsste zur Ermittlung von $CV(\lambda)$ der P-Spline-Schätzer T-mal berechnet werden. In der Praxis ist der P-Spline-Schätzer bei gegebenem Glättungsparameter aber nur einmal zu berechnen, da sich zeigen lässt, dass das Kreuzvalidierungskriterium auch durch

$$CV(\lambda) = \frac{1}{T}\sum_{t=1}^{T}\left(\frac{y_t - x_t'\hat{\beta}_{\text{P-Sp}}}{1 - H_{\text{P-Sp}}[t,t]}\right)^2 \tag{4.27}$$

ermittelt werden kann. Die $H_{\text{P-Sp}}[t,t]$ sind die Diagonalelemente aus der zum P-Spline-Schätzer (4.24) gehörenden Glättungsmatrix. Abgesehen von der verwendeten Potenz von λ ist diese Glättungsmatrix mit der Glättungsmatrix des Ridge-Schätzers (2.22) identisch. Analog zum Ridge-Schätzer entspricht die Spur der Glättungsmatrix des P-Spline-Schätzers der Anzahl der äquivalenten Freiheitsgrade des P-Spline-Modells. Die *Kreuzvalidierung* beinhaltet die Suche nach demjenigen Glättungsparameter λ, der das Kreuzvalidierungskriterium $CV(\lambda)$ minimiert.

181 Vgl. Fahrmeir et al. (2007), S. 308.
182 Vgl. Fahrmeir et al. (2007), S. 351.

Dies erfolgt numerisch durch eine *Gittersuche.*[183] Wird der Ausdruck $y_t - x_t'\hat{\beta}^{(-t)}_{\text{P-Sp}}$ als Interpolationsfehler aufgefasst, kann die Minimierung des Kreuzvalidierungskriteriums auch als Minimierung des mittleren quadrierten Interpolationsfehlers betrachtet werden. Die Gittersuche wird beschleunigt, indem statt des Kreuzvalidierungskriteriums das *generaliserte Kreuzvalidierungskriterium* verwendet wird. Man erhält dieses, indem im Nenner des Klammerausdrucks von (4.27) statt der Diagonalelemente der Glättungsmatrix der Mittelwert der Spur der Glättungsmatrix verwendet wird:

$$GCV(\lambda) = \frac{1}{T}\sum_{t=1}^{T}\left(\frac{y_t - x_t'\hat{\beta}_{\text{P-Sp}}}{1 - \frac{1}{T}sp(H_{\text{P-Sp}})}\right)^2 . \tag{4.28}$$

Aufgrund der Rechenregeln für den Spuroperator lässt sich das generalisierte Kreuzvalidierungskriterium schneller berechnen als das einfache Kreuzvalidierungskriterium. Die Suche nach dem optimalen Glättungsparameter auf Basis des generalisierten Kreuzvalidierungskriteriums wird als generalisierte Kreuzvalidierung bezeichnet.[184] Das auf diese Weise ermittelte optimale P-Spline-Modell wird *GCV-optimal* genannt.

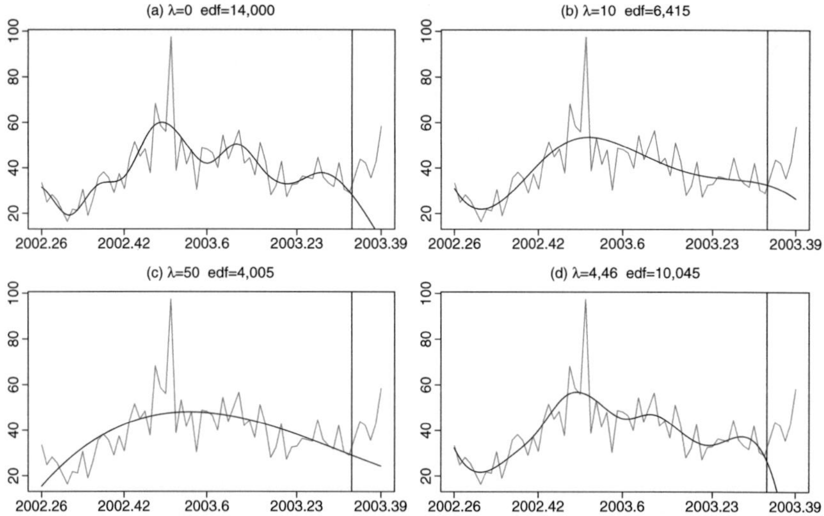

Abbildung 4.8: Anpassungen und Prognosen kubischer P-Spline-Modelle

Um die Auswirkungen der Glättungsparameterwahl in P-Spline-Modellen zu verdeutlichen, sind in Abbildung 4.8 die Anpassungen und Prognosen von vier kubischen P-Spline-Modellen

[183] Vgl. Fahrmeir et al. (2007), S. 394 und Gentle (2007), S. 217.
[184] Vgl. Fahrmeir et al. (2007), S. 350 ff.

dargestellt. Der Aufbau der Abbildung und die verwendete Zeitreihe entsprechen denen der Abbildung 4.5. Dem P-Spline-Modell liegt stets ein kubisches Regressionssplinemodell mit 10 äquidistanten Knoten zugrunde. Die Verwendung des Glättungsparameters $\lambda = 0$ ergibt das maximal adaptive Modell, dessen Anpassung und Prognose in Abbildung 4.8 (a) eingezeichnet ist. Dieses Modell weist alle Merkmale einer Überanpassung auf, insbesondere wird die Anpassung lokal stark durch die Abverkaufsspitze verzerrt. Die Prognose auf Basis dieses Modells liefert erwartungsgemäß völlig unbrauchbare Werte. Bei einem Glättungsparameter von $\lambda = 10$ beträgt die Anzahl der äquivalenten Freiheitsgrade $edf = 6{,}415$. Die Anpassung beschreibt die Saisonfigur im Anpassungszeitraum gut und wird durch die Abverkaufsspitze in einem größeren Bereich leicht nach oben verzerrt. Der Anstieg der Saisonfigur im Prognosezeitraum wird durch dieses Modell jedoch nicht vorhergesagt. Für $\lambda = 50$ entsprechen Anpassung und Prognose praktisch dem globalen kubischen Modell aus Abbildung 4.5 (a). Die Anwendung der generalisierten Kreuzvalidierung ergibt einen Glättungsparameter von $\lambda = 4{,}46$, dies entspricht $10{,}045$ äquivalenten Freiheitsgraden. Anpassung und Prognose dieses Modells sind in Abbildung 4.8 (d) dargestellt. Aufgrund der vergleichsweise hohen Adaptivität werden im Anpassungszeitraum auch kleinräumige Strukturen gut erfasst. Daher wird auch die Anpassung in der Nähe der Abverkaufsspitze von dieser relativ stark nach oben verzerrt. Die Prognose dieses Modells ist wie beim Modell mit $\lambda = 0$ völlig unbrauchbar. Im Hinblick auf Ausreißer gilt zunächst dasselbe wie für Regressionssplinemodelle. Zusätzlich bewirkt der Ausreißer, dass bei der generalisierten Kreuzvalidierung tendenziell ein zu kleiner Glättungsparameter und damit ein zu adaptives Modell gewählt wird.[185] Vor der Anpassung eines P-Spline-Modells sollte daher unbedingt eine Ausreißerbereinigung durchgeführt werden.

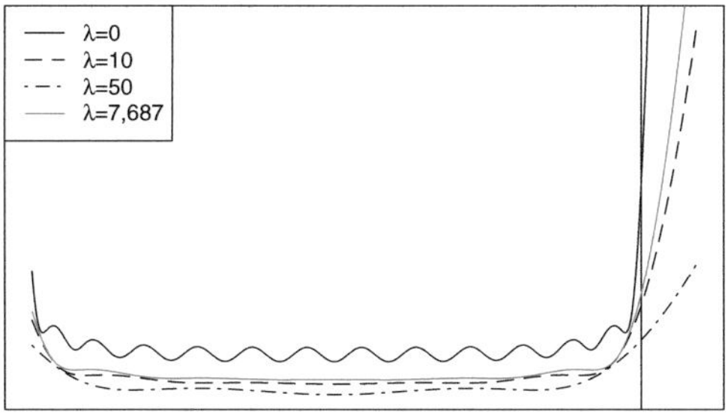

Abbildung 4.9: Anpassungs- und Prognosevarianzen kubischer P-Spline-Modelle

Unter Verwendung der entsprechenden Potenz von λ lässt sich die Anpassungs- und Prognosevarianz von P-Spline-Modellen sofort auf Basis der Schätzvarianz des Ridge-Schätzers (2.26)

185 Vgl. Leung (2005), S. 2291 ff.

berechnen. Für die vier in Abbildung 4.8 verwendeten Modelle sind diese in Abbildung 4.9 dargestellt. Der Aufbau der Abbildung entspricht der von Abbildung 4.6. Die Ergebnisse der Betrachtung sind mit denen bei Regressionssplinemodellen identisch: Je mehr Freiheitsgrade bei der Anpassung verbraucht werden, desto höher ist die Anpassungs- und Prognosevarianz des entsprechenden Modells. Der Anstieg der Prognosevarianzen verläuft wieder exponentiell. Da das GCV-optimale P-Spline-Modell sehr adaptiv ist, weist dieses eine vergleichsweise hohe Prognosevarianz auf.

Bei der automatischen Modellierung und Prognose von Zeitreihenmassendaten ist die Unempfindlichkeit gegenüber seriell korrelierten Fehlern eine wünschenswerte Eigenschaft der eingesetzten Prognosemethoden. Vor diesem Hintergrund ist die Verwendung von P-Spline-Modellen in der hier beschriebenen Form grundsätzlich als kritisch zu betrachten, da die Kreuzvalidierung in Gegenwart von seriell korrelierten Fehlern zu unter- oder überangepassten Modellen führen kann.[186] Zur Lösung dieses Problems wurden verschiedene Verfahren entwickelt, um den Glättungsparameter unter diesen Umständen konsistent bestimmen zu können.[187] Die Besprechung und Anwendung dieser Verfahren ist aufwändig und würde über den Rahmen dieser Arbeit hinaus gehen. Bei der Auswertung der empirischen Analyse wird stattdessen geprüft, ob seriell korrelierte Fehler in diesem Zusammenhang ein relevantes Problem darstellen. Sollte dies der Fall sein, spricht der zusätzlich erforderliche Aufwand bei der korrekten Bestimmung des Glättungsparameters grundsätzlich gegen die Verwendung von P-Spline-Modellen für die Modellierung und Prognose von Zeitreihenmassendaten.

4.4 Reduzierung der Prognosevarianz bei Extrapolation

Im vorangegangenen Abschnitt wurde deutlich, dass die Anpassungsgüte von Regressionssplinemodellen und P-Spline-Modellen auch bei komplexeren Strukturen gut ist, die Prognosen jedoch in vielen Fällen schnell extreme Werte annehmen und daher regelmäßig von schlechter Qualität sind. Formal zeigt sich diese Eigenschaft in einer exponentiellen Zunahme der Prognosevarianzen. Für Regressionssplinemodelle trägt eine sparsame Knotenwahl daher grundsätzlich zu einer Verringerung der Prognosevarianz bei. In diesem Abschnitt werden zwei Varianten von Regressionssplinemodellen vorgestellt, bei denen die Prognosevarianzen einen deutlich günstigeren Verlauf aufweisen. Es handelt sich um Splinefunktionen mit Randbedingungen, die in der ökonometrischen Praxis nur selten benutzt werden. Anschließend wird mit der Dämpfung eine Idee zur Modifikation der Prognosefunktion aufgegriffen, die ursprünglich für Methoden

[186] Vgl. Krivobokova / Kauermann (2007), S. 1328.
[187] Vgl. Krivobokova/Kauermann (2007), Opsomer et al. (2001) und Schimek (2003).

der exponentiellen Glättung entwickelt wurde. Um diese Idee auf die verschiedenen Varianten von Splinefunktionen anwenden zu können, wird in Abschnitt 4.4.3 das Konzept der Dämpfung auf lineare Regressionsmodelle im Zeitbereich übertragen.

4.4.1 Natürliche kubische Splinemodelle

Die Grundidee einer natürlichen kubischen Splinefunktion wurde bereits im Rahmen einer Interpolation in Abbildung 4.1 veranschaulicht. Jenseits der Randknoten ist der Verlauf der Funktion linear.[188] Übertragen auf den Regressionskontext beinhaltet dies die Forderung, dass der Verlauf der angepassten Splinefunktion im ersten und letzten Segment linear ist. Daraus folgt, dass auch der Verlauf der Prognose auf Basis einer solchen Funktion linear ist. Ausgangspunkt der Herleitung ist eine kubische Splinefunktion dritten Grades $S(x)$ mit k Knoten. Soll diese in den Randsegmenten einen linearen Verlauf aufweisen, so müssen die zweite und dritte Ableitung von $S(x)$ in den Randsegmenten gleich 0 sein. Im ersten Segment ist $S(x) = \sum_{j=0}^{3} \beta_j x$, woraus die folgenden zwei Restriktionen resultieren:

$$\frac{\partial^2 S(x)}{\partial^2 x} = 2\beta_2 + 6\beta_3 x \overset{!}{=} 0 \quad , \tag{4.29}$$

$$\frac{\partial^3 S(x)}{\partial^3 x} = 6\beta_3 \overset{!}{=} 0 \quad . \tag{4.30}$$

Aus (4.30) folgt $\beta_3 = 0$. Zusammen mit (4.29) folgt dann für β_2 die Bedingung $\beta_2 = 0$. Im letzten Segment ist die Splinefunktion definiert durch

$$\begin{aligned} S(x) &= \sum_{j=0}^{3} \beta_j x^j + \sum_{j=1}^{k} \gamma_j (x - \xi_j)^3 \\ &= \sum_{j=0}^{3} \beta_j x^j + \sum_{j=1}^{k} \gamma_j (x^3 - 3x^2\xi_j + 3x\xi_j^2 - \xi_j^3) \quad . \end{aligned}$$

Die Forderung eines linearen Verlaufs im letzten Segment führt zu folgenden Nebenbedingungen:

$$\begin{aligned} \frac{\partial^2 S(x)}{\partial^2 x} &= 2\beta_2 + 6\beta_3 x + \sum_{j=1}^{k} \gamma_j (6x - 6\xi_j) \\ &= 2\beta_2 + 6\beta_3 x + 6x \sum_{j=1}^{k} \gamma_j - 6 \sum_{j=1}^{k} \gamma_j \xi_j \overset{!}{=} 0 \end{aligned} \tag{4.31}$$

[188] Vgl. Hämmerlin/Hoffmann (1991), S. 250.

und

$$\frac{\partial^3 S(x)}{\partial^3 x} = 6\beta_3 + 6\sum_{j=1}^{k}\gamma_j \stackrel{!}{=} 0 \quad . \tag{4.32}$$

Wegen $\beta_3 = 0$ und (4.32) muss $\sum_{j=1}^{k}\gamma_j = 0$ gelten. Aus (4.31) folgt dann die Nebenbedingung $\sum_{j=1}^{k}\gamma_j\xi_j = 0$. Insgesamt sind demnach vier Nebenbedingungen zu erfüllen:

$$\beta_2 = \beta_3 = 0 \quad , \tag{4.33}$$

$$\sum_{j=1}^{k}\gamma_j = 0 \quad , \tag{4.34}$$

$$\sum_{j=1}^{k}\gamma_j\xi_j = 0 \quad . \tag{4.35}$$

Werden diese Nebenbedingungen in den Koeffizienten der kubischen Splinefunktion (4.23) berücksichtigt, ergibt sich die natürliche kubische Splinefunktion[189]

$$\begin{aligned} S_{\text{NK}}(x) &= \beta_0 + \beta_1 x \\ &\quad + \sum_{j=1}^{k-2}\gamma_j\left((x-\xi_j)_+^3 - \frac{(\xi_k-\xi_j)}{(\xi_k-\xi_{k-1})}(x-\xi_{k-1})_+^3 + \frac{(\xi_{k-1}-\xi_j)}{(\xi_k-\xi_{k-1})}(x-\xi_k)_+^3\right) . \end{aligned} \tag{4.36}$$

Aus dieser Darstellung folgt, dass zur Anpassung eines natürlichen kubischen Splinemodells mindestens $k = 3$ Knoten verwendet werden müssen, da andernfalls die Summe in (4.36) nicht definiert ist.

Für praktische und analytische Zwecke ist die Darstellung (4.36) vergleichsweise unhandlich. Da es sich bei den Nebenbedingungen ausschließlich um lineare Restriktionen der Koeffizienten handelt, können diese einfach im Rahmen eines restringierten KQ-Modells bei der Schätzung eines kubischen Regressionssplinemodells mit k Knoten eingebunden werden. Die Restriktionen

[189] Vgl. Durrleman/Simon (1989), S. 553 und den Abschnitt A.4 im Anhang.

in Matrixnotation lauten:

$$\begin{pmatrix} 0 & 0 & 1 & 0 & 0 & \cdots & 0 \\ 0 & 0 & 0 & 1 & 0 & \cdots & 0 \\ 0 & 0 & 0 & 0 & 1 & \cdots & 1 \\ 0 & 0 & 0 & 0 & \xi_1 & \cdots & \xi_k \end{pmatrix} \begin{pmatrix} \beta_0 \\ \beta_1 \\ \beta_2 \\ \beta_3 \\ \gamma_1 \\ \vdots \\ \gamma_k \end{pmatrix} = \begin{pmatrix} 0 \\ 0 \\ 0 \\ 0 \end{pmatrix} . \tag{4.37}$$

In dieser Darstellung lässt sich ein natürliches kubisches Splinemodell sehr leicht praktisch nutzen. Des Weiteren können alle für das restringierte KQ-Modell hergeleiteten Resultate sofort verwendet werden. Durch die vier Restriktionen werden, im Vergleich zum zugrunde liegenden Regressionssplinemodell, bei der Anpassung vier Freiheitsgrade gespart, was sich positiv auf die Prognosevarianz auswirkt. Darüber hinaus bewirkt der lineare Verlauf der Prognose eine zusätzliche Reduktion der Prognosevarianz.

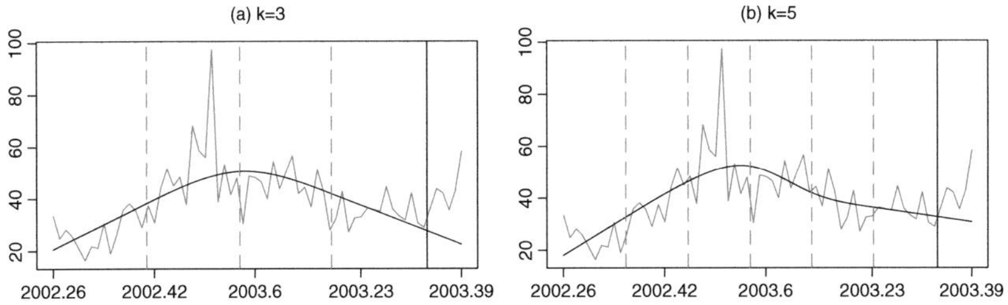

Abbildung 4.10: Anpassungen und Prognosen natürlicher kubischer Splinemodelle

In Abbildung 4.10 ist die Anpassung und Prognose von natürlichen kubischen Regressionssplinemodellen dargestellt, der Aufbau sowie die zugrunde liegende Zeitreihe entsprechen denen der Abbildung 4.5. In Abbildung 4.10 (a) ist die Anpassung und Prognose eines natürlichen kubischen Regressionssplinemodells mit $k = 3$ Knoten zu sehen. Der charakteristische lineare Verlauf der Anpassung in den beiden Randsegmenten und in der Prognose ist deutlich erkennbar. Sowohl die Anpassung als auch die Prognose sind vergleichsweise schlecht, da dieses Modell mit 3 verbrauchten Freiheitsgraden für die vorhandene Struktur der Zeitreihe zu sparsam ist. Durch die nach oben verzerrte Anpassung im Bereich der Abverkaufsspitze wird auch der Verlauf der Anpassung im dritten Segment beeinträchtigt. Dieser fällt im Vergleich mit dem tatsächlichen Verlauf der Zeitreihe zu stark ab. Das Modell mit $k = 5$ Knoten ist adaptiver und die Verzerrung durch die Abverkaufsspitze räumlich begrenzter. Entsprechend besser ist die Qualität von Anpassung und Prognose. Dennoch wird auch bei diesem Modell der Anstieg der Saisonfigur im Prognosezeitraum nicht vorhergesagt. Im Vergleich zu den P-Spline-Modellen werden jedoch nicht völlig unrealistische Werte prognostiziert. Da es sich bei natürlichen kubischen Regressionssplinemodellen um modifizierte Regressionssplinemodelle handelt, sind die grundlegenden Eigenschaften im Hinblick auf Adaptivität und Ausreißerempfindlichkeit insgesamt mit denen der einfachen Regressionssplinemodelle identisch. Daher ist vor der Anpassung eines natürlichen kubischen Regressionssplinemodells ebenfalls eine Ausreißerbereinigung sinnvoll.

Wie bei den einfachen Regressionssplinemodellen nehmen die Anpassungs- und Prognosevarianzen von natürlichen kubischen Regressionssplinemodellen mit jedem zusätzlichen Knoten zu. Eine vergleichende Betrachtung der Anpassungs- und Prognosevarianzen solcher Modelle mit unterschiedlicher Knotenanzahl führt daher zu keinen weiteren Einsichten. Aufschlussreich ist hingegen der in Abschnitt 4.5 vorgenommene Vergleich der Anpassungs- und Prognosevarianzen eines natürlichen kubischen Regressionssplinemodells mit denjenigen von anderen Varianten von Splineregressionsmodellen.

4.4.2 Periodische kubische Splinemodelle

Eine weitere Variante des kubischen Regressionssplinemodells erhält man, wenn bei der Anpassung die Nebenbedingung berücksichtigt wird, dass die Splinefunktion $S(x)$ an zwei Stellen a und b im Hinblick auf den Funktionswert sowie den Wert der ersten drei Ableitungen identisch ist. Eine Splinefunktion mit diesen Eigenschaften wird als *periodische Splinefunktion* bezeichnet.[190] Wird mit der periodischen Splinefunktion $S_{\text{PER}}(x)$ eine Saisonfigur modelliert, sind die Stellen a und b mit dem Anfang und Ende der letzten beobachteten Saisonfigur im Anpassungszeitraum identisch.

Bei der Herleitung der periodischen Splinefunktion wird unterstellt, dass alle Knoten innerhalb des Intervalls $]a,b[$ liegen. Aus der Forderung nach der Identität der Funktionswerte ergibt sich

[190] Vgl. Hämmerlin/Hoffmann (1991), S. 250.

die Nebenbedingung

$$\begin{aligned}
& S(a) = S(b) \\
\Leftrightarrow\quad & \sum_{i=0}^{3} \beta_i a^i = \sum_{i=0}^{3} \beta_i b^i + \sum_{j=1}^{k} \gamma_j (b - \xi_j)^3 \\
\Leftrightarrow\quad & 0 = \sum_{i=1}^{3} \beta_i (b^i - a^i) + \sum_{j=1}^{k} \gamma_j (b - \xi_j)^3 \quad .
\end{aligned} \tag{4.38}$$

Auf das Abschneiden der Potenzen für $S(b)$ kann hier verzichtet werden, da an der Stelle b alle abgeschnittenen Potenzen einen positiven Funktionswert aufweisen. Für die Identität der Steigung an den Stellen a und b ergibt sich die Nebenbedingung

$$\begin{aligned}
& \frac{\partial S(a)}{\partial a} = \frac{\partial S(b)}{\partial b} \\
\Leftrightarrow\quad & \beta_1 + 2\beta_2 a + 3\beta_3 a^2 = \beta_1 + 2\beta_2 b + 3\beta_3 b^2 + \sum_{j=1}^{k} \gamma_j 3 (b - \xi_j)^2 \\
\Leftrightarrow\quad & 0 = 2\beta_2 (b - a) + 3\beta_3 (b^2 - a^2) + \sum_{j=1}^{k} \gamma_j 3 (b - \xi_j)^2 \quad .
\end{aligned} \tag{4.39}$$

Für die Identität der zweiten und dritten Ableitung an den Stellen a und b ergeben sich die Bedingungen

$$\begin{aligned}
& \frac{\partial^2 S(a)}{\partial^2 a} = \frac{\partial^2 S(b)}{\partial^2 b} \\
\Leftrightarrow\quad & 2\beta_2 + 6\beta_3 a = 2\beta_2 + 6\beta_3 b + \sum_{j=1}^{k} \gamma_j 6 (b - \xi_j) \\
\Leftrightarrow\quad & 0 = \beta_3 (b - a) + \sum_{j=1}^{k} \gamma_j (b - \xi_j)
\end{aligned} \tag{4.40}$$

und

$$\begin{aligned}
& \frac{\partial^3 S(a)}{\partial^3 a} = \frac{\partial^3 S(b)}{\partial^3 b} \\
\Leftrightarrow\quad & 6\beta_3 = 6\beta_3 + \sum_{j=1}^{k} \gamma_j 6 \\
\Leftrightarrow\quad & 0 = \sum_{j=1}^{k} \gamma_j \quad .
\end{aligned} \tag{4.41}$$

Diese vier Restriktionen lassen sich, wie bei der natürlichen kubischen Splinefunktion, in Matrixnotation formulieren:

$$\begin{pmatrix} 0 & (b-a) & (b^2-a^2) & (b^3-a^3) & (b-\xi_1)^3 & \cdots & (b-\xi_k)^3 \\ 0 & 0 & 2(b-a) & 3(b^2-a^2) & 3(b-\xi_1)^2 & \cdots & 3(b-\xi_k)^2 \\ 0 & 0 & 0 & (b-a) & (b-\xi_1) & \cdots & (b-\xi_k) \\ 0 & 0 & 0 & 0 & 1 & \cdots & 1 \end{pmatrix} \begin{pmatrix} \beta_0 \\ \beta_1 \\ \beta_2 \\ \beta_3 \\ \gamma_1 \\ \vdots \\ \gamma_k \end{pmatrix} = \begin{pmatrix} 0 \\ 0 \\ 0 \\ 0 \end{pmatrix}. \tag{4.42}$$

Die Restriktionsmatrix ist verglichen mit den natürlichen Randbedingungen in der Struktur komplexer, kann aber bei einer gegebenen Knotenmenge ebenfalls sehr leicht implementiert werden.

Die Anpassung und Prognose auf Basis von periodischen Splinefunktionen ist im Vergleich zu den bislang betrachteten Varianten von Splineregressionsmodellen aufwändiger. Da am Anfang und am Ende der Saisonperiode ein identischer Funktionswert der Splinefunktion erzwungen wird, ist die Anpassung in Gegenwart einer Trendkomponente verzerrt. Daher muss vor der Anpassung einer periodischen Splinefunktion die Trendkomponente in Gegenwart einer möglicherweise vorhandenen Saisonfigur geschätzt und anschließend aus der Reihe entfernt werden. Da eine lineare Trendkomponente bereits Teil des verwendeten Splinemodells ist, kann bei der Anpassung nicht einfach zusätzlich ein linearer Trend mitgeschätzt werden. Aus diesem Grund wird hier der Steigungsparameter eines linearen Trends auf Basis saisonaler Differenzen ermittelt:[191]

$$\hat{\beta}_{\text{tr}} = \frac{median\{\Delta^{52}y_\tau, \cdots, \Delta^{52}y_{52+1}\}}{52} \quad . \tag{4.43}$$

Durch die Verwendung des Medians ist die Schätzung im Hinblick auf mögliche Ausreißer vergleichsweise robust. Mit Hilfe des geschätzten Steigungsparameters $\hat{\beta}_{\text{tr}}$ wird der gesamte Trendeffekt in der Anpassungsstichprobe durch Multiplikation mit dem Zeitindex der Beobachtungen in der Anpassungsstichprobe berechnet und von dieser abgezogen. An die auf diese Weise trendbereinigte Reihe wird dann das periodische Splinemodell angepasst.

Die Prognose erfolgt für die Trend- und Saisonkomponente getrennt. Der Trendeffekt wird durch Fortschreibung der geschätzten Trendfunktion prognostiziert. Der durch die periodische

[191] Vgl. DeLurgio (1998), S. 212.

Splinefunktion modellierte Saisoneffekt wird prognostiziert, indem die Anpassung im letzten Saisonzyklus der Anpassungsstichprobe vollständig in den Prognosezeitraum verschoben wird. Technisch werden dazu die Kovariablenausprägungen aus dem letzten Saisonzyklus der Anpassungsstichprobe als Prognosekovariablen verwendet. Da der Funktionswert und die drei ersten Ableitungen am Beginn und am Ende des letzten Saisonzyklus identisch sind, ergibt sich ein stetig-differenzierbarer Übergang zwischen den Saisonfiguren im Anpassungs- und Prognosezeitraum.[192] Durch diese Art der Prognoseerstellung ist beim periodischen Splinemodell gewährleistet, dass sowohl die Prognosefunktion selber als auch deren Prognosevarianz unabhängig von der Größe des Prognosehorizontes beschränkt ist. In dieser Hinsicht unterscheiden sich periodische Splinemodelle von allen anderen in dieser Arbeit verwendeten Modellen. Dabei ist jedoch zu beachten, dass vor der Anpassung eines periodischen Splinemodells der Trendeffekt separat geschätzt und prognostiziert werden muss, für den die Prognosevarianz unbeschränkt ist.

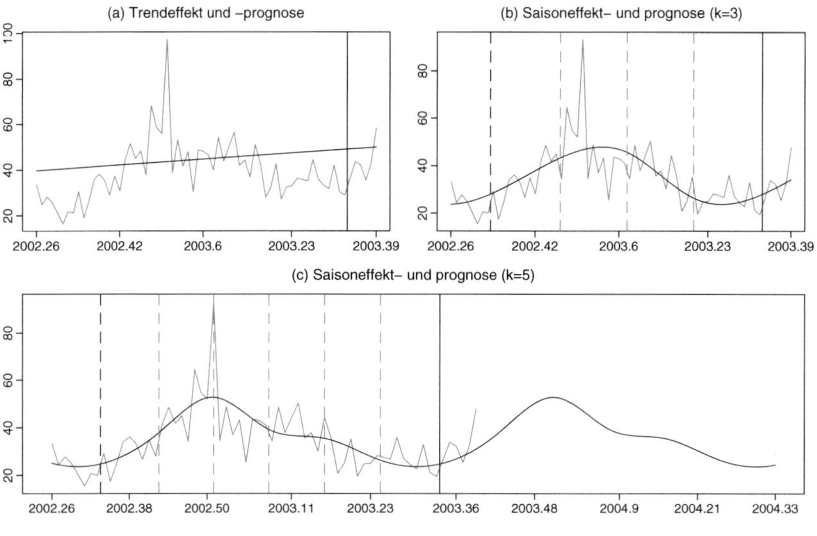

Abbildung 4.11: Anpassung und Prognose eines periodischen kubischen Splinemodells

In Abbildung 4.11 ist die Anpassung und Prognose eines periodischen kubischen Splinemodells veranschaulicht, der Aufbau und die verwendete Zeitreihe entsprechen denen der Abbildung 4.5. In Abbildung 4.11 (a) ist der geschätzte Trendeffekt und die daraus resultierende Prognose dargestellt. Die Trendschätzung wird dabei weder durch die Saisonfigur noch durch die Ab-

[192]Da die Zeitreihe in diskreter Zeit beobachtet wurde, ist bezüglich der Identitätsstellen a und b eine Stetigkeitskorrektur durchzuführen. Als Identitätsstellen werden also $a = \tau - 52 + 0.5$ und $b = \tau + 0.5$ verwendet.

verkaufsspitze beeinträchtigt. Da durch den Trendschätzer (4.43) nur ein Steigungsparameter ermittelt wird, wird zur Darstellung des Trendeffektes als Grundniveau der globale Mittelwert der Zeitreihe verwendet. Für die Trendbereinigung wird sowohl der angepasste als auch der prognostizierte Trend von der Zeitreihe abgezogen. In Abbildung 4.11 (b) ist die Anpassung und Prognose eines periodischen kubischen Splinemodells mit $k = 3$ Knoten auf Basis der trendbereinigten Zeitreihe zu sehen. Der Anfang des letzten vollständigen Saisonzyklus in der trendbereinigten Reihe ist durch die senkrechte, schwarz gestrichelte Linie markiert. Bei der Anpassung der periodischen Splinefunktion wurden an dieser Stelle und am Ende des Beobachtungszeitraums die Identitäten von Funktionswert und der ersten drei Ableitungen erzwungen, die äquidistanten Knoten befinden sich innerhalb dieser beiden Zeitpunkte. Die Prognose bis einschließlich Prognosehorizont 6 entspricht der Anpassung der ersten sechs Wochen des letzten vollständigen Saisonzyklus der Anpassungsstichprobe. Sehr gut zu erkennen ist der stetig-differenzierbare Übergang zwischen der angepassten und der prognostizierten Saisonfigur. Um die Beschränktheit der Prognosen auf Basis von periodischen Splinefunktionen herauszustellen, ist in Abbildung 4.11 (c) die Prognose für einen Prognosezeitraum von einem Jahr dargestellt. Für das periodische Splinemodell wurden hier $k = 5$ äquidistante Knoten innerhalb des letzten beobachteten Saisonzyklus verwendet. Das gesamte geschätzte saisonale Muster wird im Prognosezeitraum exakt reproduziert. In dieser Hinsicht ist die Prognose des periodischen Splinemodells mit den Prognosen der klassischen deterministischen Saisonmodelle vergleichbar. Im Gegensatz zu letzteren werden bei der Anpassung aber wesentlich weniger Freiheitsgrade verbraucht. Aufgrund des geringen Verbrauchs von Freiheitsgraden, der Natur der Restriktionen und der Art der Prognoseerstellung ist das periodische Splinemodell im Vergleich zu allen anderen betrachteten Varianten von Splineregressionsmodellen Ausreißern gegenüber relativ unempfindlich. Daher wirkt sich die Abverkaufsspitze nur in sehr geringem Ausmaß auf die Anpassung und Prognose aus.

Wie bei allen splinebasierten Modellen nehmen sowohl die Adaptivität der Anpassung als auch die Anpassungs- und Prognosevarianzen mit steigender Knotenanzahl zu. Auf eine isolierte Betrachtung der Anpassungs- und Prognosevarianzen von periodischen Splinemodellen mit unterschiedlicher Knotenanzahl kann hier verzichtet werden, da dies zu keinen weiteren Erkenntnissen führt. In Abschnitt 4.5 werden die Anpassungs- und Prognosevarianzen des periodischen Splinemodells mit denen von anderen Varianten von Splineregressionsmodellen verglichen, dabei wird auch der Verlauf der Anpassungs- und Prognosevarianzen des periodischen Splinemodells deutlich.

4.4.3 Dämpfung der Prognose

Die Grundidee der Dämpfung von Prognosen stammt aus dem Bereich der exponentiellen Glättung und besteht darin, die Zuwachsrate der Prognosefunktion bei steigendem Prognosehorizont mit Hilfe eines Dämpfungsfaktors zu reduzieren. Eine Dämpfung der Prognose ist sinnvoll, wenn ein unbegrenztes Wachstum des beobachteten Prozesses unrealistisch ist.[193] Für viele Zeitreihen aus der Ökonomie im Allgemeinen und für Abverkaufszeitreihen im Besonderen ist dies der Fall. Aus technischer Sicht ist die Dämpfung von Prognosen, die auf LRM basieren, nur für solche Effekte sinnvoll, bei denen die zugehörigen Kovariablen mit zunehmendem Prognosehorizont betraglich unbeschränkt wachsen. In diesen Fällen wächst die Prognose und die zugehörige Prognosevarianz ebenfalls unbeschränkt. Bei der Prognose der Trend- und Saisonkomponente durch Splineregressionsmodelle wird, mit Ausnahme des periodischen Splinemodells, der laufende Zeitindex als Kovariable verwendet. Beim periodischen Splinemodell wird der Trend separat geschätzt und ebenfalls auf Basis des laufenden Zeitindexes prognostiziert, daher ist auch in diesem Fall die Dämpfung des Trendeffektes sinnvoll. Die Dämpfung der Prognose ist daher für alle in dieser Arbeit verwendeten Splineregressionsmodelle relevant.

Für einen gegebenen Dämpfungsfaktor $d \in]0,1]$ ist die gedämpfte Prognose für ein LRM mit Zeitreihen in diskreter Zeit definiert durch

$$\hat{y}^d_{\tau+h|\tau} = \hat{y}_\tau + \sum_{i=1}^{h} d^{i-1} \Delta \hat{y}_{\tau+i|\tau} \quad , \tag{4.44}$$

wobei $\hat{y}_{t|\tau} = \hat{y}_t$ für $t \leq \tau$ gilt. Die Potenz $i - 1$ am Dämpfungsfaktor d bewirkt, dass die Ein-Schritt-Prognose noch nicht gedämpft wird. Der Kerngedanke der Dämpfung besteht darin, dass die Zuwächse der Prognosefunktion mit zunehmendem Prognosehorizont gegen null schrumpfen und damit die Prognose gegen einen konstanten Wert konvergiert. Je näher der Dämpfungsfaktor bei 0 bzw. 1 liegt, desto stärker bzw. schwächer ist die Dämpfungswirkung. Würde ein Dämpfungsfaktor von 0 zugelassen, entspräche die Prognose für jeden Horizont der Ein-Schritt-Prognose. Ein Dämpfungsfaktor von 1 ergibt hingegen die ungedämpfte Prognose. Durch den exponentiell abnehmenden Dämpfungsfaktor ist die Konvergenz der Prognose sichergestellt, weil der Grad der verwendeten Splinefunktionen drei beträgt. Da die ersten Differenzen das diskrete Äquivalent zur ersten Ableitung einer stetigen Funktion sind, kann die Dämpfung auch als Dämpfung der ersten Ableitung der Prognosefunktion betrachtet werden. Eine Abwandlung dieser Idee besteht darin, in der Dämpfungsvorschrift (4.44) zweite Differen-

[193] Vgl. Hyndman et al. (2008), S. 11 ff.

zen zu verwenden. Dies entspricht dann der Schrumpfung der zweiten Ableitung gegen null, der Verlauf der Prognosefunktion konvergiert dann gegen eine Gerade.

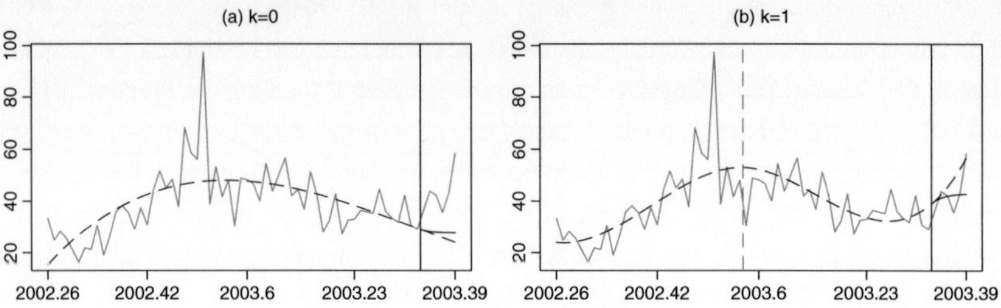

Abbildung 4.12: Gedämpfte Prognosen

In Abbildung 4.12 ist die Wirkung der Dämpfung auf den Verlauf der Prognose eines globalen kubischen Trendmodells und eines kubischen Regressionssplinemodells mit einem Knoten dargestellt. Abgesehen von den zusätzlich eingetragenen gedämpften Prognosen ist diese Abbildung mit den Abbildungen 4.5 (a) und (b) identisch. Für die Anpassung und die ungedämpfte Prognose wird jedoch eine gestrichelte schwarze Linie verwendet, die gedämpfte Prognose ist jeweils als durchgehende schwarze Linie eingezeichnet. Als Dämpfungsfaktor wird $d = 0.5$ verwendet, da dieser Wert in der Mitte des zulässigen Wertebereichs des Dämpfungsfaktors liegt. In beiden Fällen wirkt sich die Dämpfung bei den betrachteten Prognosehorizonten positiv auf die Prognosegüte aus. Beim kubischen Trendmodell ist die Prognose jedoch trotz der Dämpfung immer noch von geringer Güte.

Die Dämpfung beeinflusst ebenfalls die Prognosevarianzen. Für die Berechnung der Prognosevarianz einer gedämpften Prognose muss die Dämpfungsvorschrift (4.44) zunächst umgeschrieben werden:

$$\begin{aligned}\hat{y}^d_{\tau+h|\tau} &= x'_\tau \hat{\beta}_{(\tau)} + \sum_{i=1}^{h} d^{i-1} \Delta x'_{\tau+i} \hat{\beta}_{(\tau)} \\ &= \underbrace{\left(x_\tau + \sum_{i=1}^{h} d^{i-1} \Delta x_{\tau+i} \right)'}_{{x^d_{\tau+h}}'} \hat{\beta}_{(\tau)} \\ &= {x^d_{\tau+h}}' \hat{\beta}_{(\tau)} \quad . \end{aligned} \tag{4.45}$$

Die Dämpfung der Prognose lässt sich im Rahmen eines LRM also ausschließlich durch eine Modifikation der Prognosekovariablen darstellen. Da der Schätzer $\hat{\beta}_{(\tau)}$ von der Dämpfung nicht beeinflusst wird, lässt sich die Dämpfung auch sofort für Prognosen auf Basis des restringierten LRM und der Ridge-Regression anwenden. Die Varianz der gedämpften Prognose ist im einfachen LRM gegeben durch

$$V(y^d_{\tau+h|\tau}) = \sigma^2 \, {x^d_{\tau+h}}' \, (X'_{(\tau)} X_{(\tau)})^{-1} x^d_{\tau+h} \quad . \tag{4.46}$$

Abgesehen vom modifizierten Kovariablenvektor entspricht dies exakt der Prognosevarianz im einfachen linearen Modell (2.12). Die Varianzen von gedämpften Prognosen auf Basis des restringierten KQ-Schätzers und des Ridge-Schätzers lassen sich ebenfalls analog zum ungedämpften Fall unter Verwendung der modifizierten Prognosekovariablen $x^d_{\tau+h}$ berechnen.

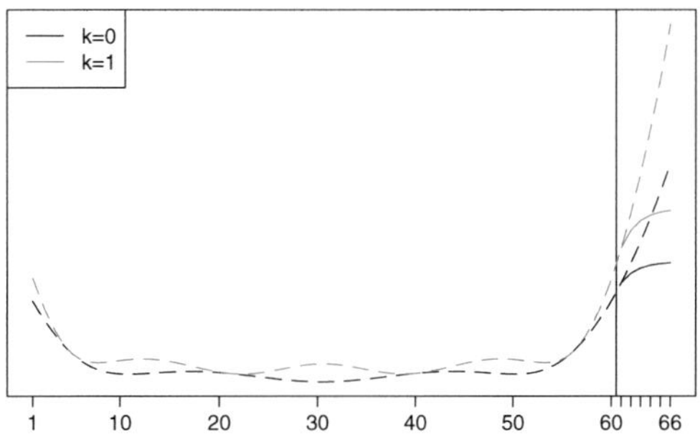

Abbildung 4.13: Prognosevarianzen gedämpfter Prognosen

In Abbildung 4.13 ist für die beiden in Abbildung 4.12 verwendeten Modelle die Anpassungs- und Prognosevarianz dargestellt. Der Aufbau der Abbildung ist mit der Abbildung 4.6 identisch. Für die ungedämpften Modelle sind die Varianzfunktionen als gestrichelte Linien eingezeichnet, die Varianzen der gedämpften Prognosen hingegen als durchgezogene Linien. Wie für die Prognose an sich, bewirkt die Dämpfung, dass die Prognosevarianzen mit zunehmendem Prognosehorizont gegen einen festen Wert konvergieren. Die Dämpfung kann daher auch als ein Instrument zur Beschränkung der Prognosevarianz betrachtet werden. Beim direkten Vergleich der Prognosevarianzen von zwei Modellen ändert sich jedoch nichts. Ist die Prognosevarianz bei gegebenem Prognosehorizont in dem einem Modell stets größer als in dem anderen Modell, gilt dies auch für die Prognosevarianzen der gedämpften Prognosen.

4.5 Zusammenfassung

Bei allen Regressionssplinemodellen führt eine Reduzierung der Knotenanzahl, bei P-Spline-Modellen die Erhöhung des Glättungsparameters unter sonst gleichen Bedingungen zu einer Reduzierung der Anpassungs- und Prognosevarianzen. Durch die Dämpfung der Prognose wird unabhängig vom verwendeten Splineregressionsmodell die Prognosevarianz nach oben beschränkt. Im Folgenden werden abschließend die Anpassungs- und Prognosevarianzen der verschiedenen Splineregressionsmodelle miteinander verglichen.

In Abbildung 4.14 sind die Anpassungs- und Prognosevarianzen der einzelnen Splineregressionsmodelle sowie von zwei weiteren Modellen dargestellt. Der Aufbau dieser Abbildung entspricht der von Abbildung 4.6. Um die Vergleichbarkeit der verschiedenen Splineregressionsmodelle zu gewährleisten, wurden vor der Varianzberechnung die Parameter so gewählt, dass bei der Anpassung des jeweiligen Modells immer genau 5 Freiheitsgrade verbraucht werden. Bei einem kubischen Regressionssplinemodell entspricht dies einem Modell mit $k = 1$ Knoten, beim natürlichen kubischen Splinemodell und beim periodischen kubischen Splinemodell Modellen mit jeweils $k = 5$ Knoten. Für das P-Spline-Modell mit $k = 10$ Knoten führt ein Glättungsparameter von $\lambda = 16{,}86$ näherungsweise zu 5 äquivalenten Freiheitsgraden. Beim periodischen Splinemodell ist bei der Betrachtung der Anpassungs- und Prognosevarianzen zu berücksichtigen, dass vor der Anpassung des periodischen Splinemodells ein linearer Trend zu schätzen ist. Die gesamte Schätzvarianz ist demnach größer als die des reinen periodischen Splinemodells. Für den Trendschätzer (4.43) sind allerdings die entsprechenden Varianzen nicht ohne weiteres ermittelbar. Da die Aussagen über die grundlegenden Eigenschaften des periodischen Splinemodells hiervon nicht berührt werden, wird auf eine Korrektur der Anpassungs- und Prognosevarianzen des periodischen Splinemodells verzichtet. Neben den verschiedenen Splineregressionsmodellen sind die Varianzen von zwei weiteren Modellen eingezeichnet. Zum einen die des globalen linearen Trendmodells, bei dem es sich um ein klassisches, sehr sparsames Standardmodell der Zeitreihenökonometrie handelt. Bei der Anpassung des globalen linearen Trendmodells werden nur 2 Freiheitsgrade verbraucht, daher wird dieses Modell hier als Referenzmodell verwendet. Zum anderen ist die Varianzfunktion des globalen kubischen Trendmodells eingetragen, bei dessen Anpassung 4 Freiheitsgrade verbraucht werden. Dieses Modell wurde berücksichtigt, da es als das einfachste kubische Regressionssplinemodell aufgefasst werden kann und in diesem Sinne ebenfalls als Referenzmodell genutzt wird.

Obwohl die Anzahl der Freiheitsgrade bei den verschiedenen Splineregressionsmodellen identisch ist, zeigen sich insbesondere bei den Prognosevarianzen bemerkenswerte Unterschiede. Wird berücksichtigt, dass beim periodischen Splinemodell die Varianz der Trendschätzung fehlt,

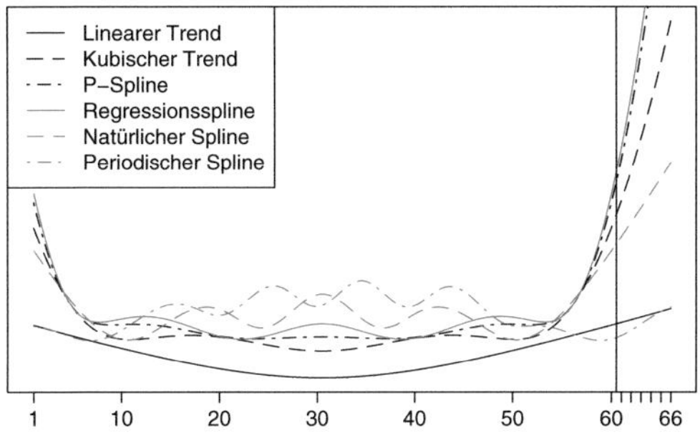

Abbildung 4.14: Vergleich der Anpassungs- und Prognosevarianzen

ist das Niveau der Anpassungs- und Prognosevarianz des linearen Modells erwartungsgemäß am geringsten. Das Wachstum der Prognosevarianzen mit zunehmendem Prognosehorizont ist bei diesem Modell gering und annähernd linear. Das Gesamtniveau der Prognosevarianzen des Regressionssplinemodells, des P-Spline-Modells und des globalen kubischen Modells liegt deutlich über dem der anderen Modelle. Des Weiteren wachsen die Prognosevarianzen der genannten Modelle mit zunehmendem Prognosehorizont exponentiell. Beim globalen kubischen Modell ist die Prognosevarianz dabei noch am geringsten, der Verlauf der Prognosevarianzen des Regressionssplinemodells und des P-Spline-Modells ist nahezu identisch. Die Anpassungsvarianzen dieser drei Modelle sind ungefähr auf dem gleichen Niveau und liegen über denen des linearen Modells und unter denen der beiden anderen Splineregressionsmodelle. Von allen Splineregressionsmodellen ist der Verlauf der Anpassungsvarianzen des P-Spline-Modells am gleichmäßigsten. Aufgrund der Randbedingungen und der Art der Prognoseerstellung ist das periodische Splinemodell das einzige Modell, bei dem die Anpassungsvarianz an den Rändern des Anpassungszeitraums abnimmt und das Niveau der Prognosevarianzen niedriger als das Niveau der Anpassungsvarianzen ist. Des Weiteren ist das periodische Splinemodell das einzige Modell, bei dem die Prognosekovariablen und damit auch die Prognosevarianzen beschränkt sind. In dieser Hinsicht unterscheidet sich das periodische Splinemodell von allen anderen Modellen und lässt dieses insbesondere für größere Prognosehorizonte als besonders geeignet erscheinen. Bei der zusätzlichen Berücksichtigung der Varianz der Trendschätzung würde das Gesamtniveau der Varianzen zwar insgesamt höher liegen und analog zum linearen Modell mit zunehmendem Prognosehorizont unbegrenzt wachsen. Am grundsätzlich vorteilhaften Verlauf der Varianzfunktion des periodischen Splinemodells ändert dies jedoch nichts. Beim natürlichen kubischen Splinemodell liegt das Niveau der Anpassungsvarianz etwas unter der des periodischen Splinemodells und über dem der anderen Modelle. Aufgrund der Randbedingungen steigt die Anpassungsvarianz im Vergleich zum Regressionssplinemodell, zum P-Spline-Modell und zum globalen kubischen Modell an den Rändern des Anpassungszeitraums nicht so stark an, ist aber größer als beim linearen Modell und beim periodischen Splinemodell. Dies gilt auch für das Niveau der Prognosevarianzen. Der Anstieg der Prognosevarianz verläuft beim natürlichen kubischen Splinemodell linear.

Im Hinblick auf das Niveau und den Verlauf der Prognosevarianzen lassen sich die hier betrachteten Modelle in zwei Kategorien unterteilen. Das lineare Trendmodell, das natürliche kubische Splinemodell und das periodische kubische Splinemodell sind die drei Modelle, bei denen das Niveau und der Verlauf der Prognosevarianz am günstigsten sind. Die zweite Kategorie enthält das kubische Regressionssplinemodell, das P-Spline-Modell und das globale kubische Modell, bei denen sowohl das Niveau als auch die Wachstumsrate der Prognosevarianzen vergleichsweise hoch sind. Die sechs hier betrachteten Modelle werden auch in der empirischen Analyse verwendet.

5 Empirische Untersuchung

Im vorherigen Kapitel wurden verschiedene nichtparametrische Modelle auf Basis von Splinefunktionen eingeführt, die zur Modellierung und Prognose der Trend- und Saisonkomponente verwendet werden können. Mit der in diesem Kapitel erläuterten empirischen Untersuchung werden im Wesentlichen zwei Ziele verfolgt. Zum einen wird die grundlegende Eignung von Splineregressionsmethoden in diesem Anwendungszusammenhang untersucht. Zum anderen wird die Frage geklärt, ob und inwieweit die im vorangegangenen Kapitel entwickelten Vorschläge zur Reduzierung der Prognosevarianz zu einer Verbesserung der Prognosegüte von Splineregressionsmethoden beitragen können. Zur Durchführung der Untersuchung wird in diesem Kapitel eine auf Massendaten ausgerichtete, automatische Prognosestrategie entwickelt. In Abschnitt 5.1 werden dafür zunächst die verwendeten Daten aus dem Einzelhandel beschrieben. Im zweiten Abschnitt wird mit den rollierenden Prognosen die grundlegende Vorgehensweise für die durchgeführte Untersuchung erläutert. In Abschnitt 5.3 wird dann ein Überblick über die konkrete Modellierungs- und Prognosestrategie gegeben. Anschließend werden die einzelnen Schritte dieser Strategie detailliert erläutert und anhand von konkreten Beispielen veranschaulicht. Danach werden die in der Untersuchung zur Modellierung und Prognose der Trend- und Saisonkomponente verwendeten Splineregressionsmethoden und Referenzmodelle spezifiziert. Im Rahmen der Analyse wird darüber hinaus geprüft, ob die zusätzliche Modellierung und Prognose der Restkomponente zu einer Verbesserung der gesamten Prognosegüte führt. Die vergleichende Beurteilung der Prognoseeigenschaften der verschiedenen Verfahren für unterschiedliche Prognosehorizonte ist Gegenstand von Kapitel 6.

5.1 Beschreibung der verwendeten Daten

Der verwendete Datensatz stammt von einem großen deutschen Einzelhandelskonzern und enthält auf Kalenderwochen aggregierte Abverkäufe von 29.807 Artikeln einer in Deutschland gelegenen Filiale. Für jeden Artikel liegen 90 Beobachtungen aus dem Zeitraum von Kalenderwoche 26 im Jahr 2002 bis Kalenderwoche 11 im Jahr 2004 vor. In der Problemstellung wurde

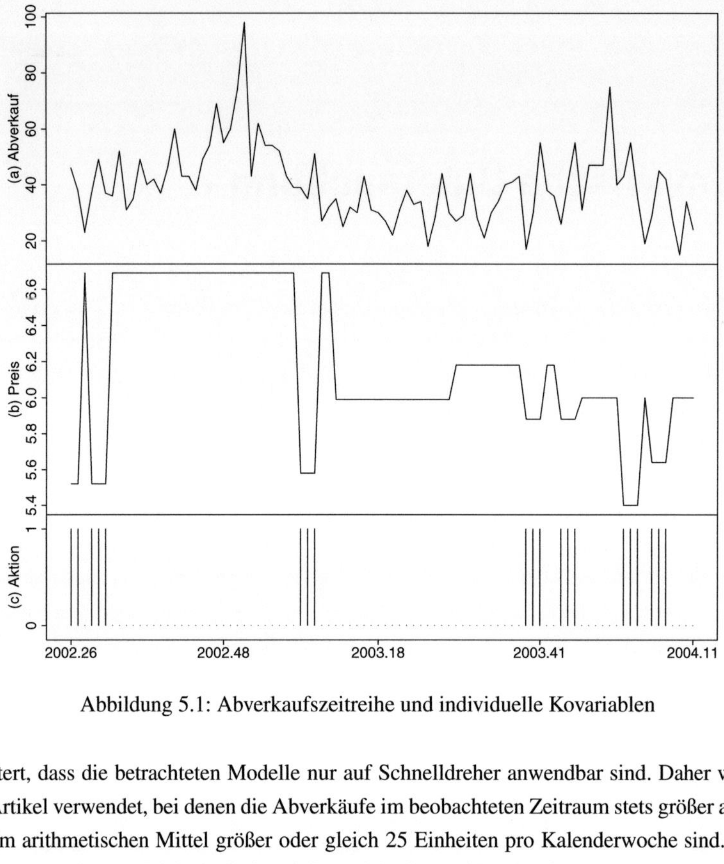

Abbildung 5.1: Abverkaufszeitreihe und individuelle Kovariablen

erläutert, dass die betrachteten Modelle nur auf Schnelldreher anwendbar sind. Daher werden nur Artikel verwendet, bei denen die Abverkäufe im beobachteten Zeitraum stets größer als null und im arithmetischen Mittel größer oder gleich 25 Einheiten pro Kalenderwoche sind. Diese Kriterien werden von 2.244 Artikeln erfüllt, welche für ca. 37% des Gesamtumsatzes der Filiale verantwortlich sind.

Für jeden Artikel stehen zwei individuelle Kovariablenzeitreihen zur Verfügung. Zum einen ist für den Beobachtungszeitraum der Artikelpreis für jede Kalenderwoche aufgezeichnet. Zum anderen wird durch eine dummycodierte Variable angezeigt, ob der Artikel in der betreffenden Kalenderwoche Gegenstand einer individuellen Marketingmaßnahme war oder nicht, wobei die Natur der Marketingmaßnahme unbekannt ist. In Abbildung 5.1 ist eine Abverkaufszeitreihe zusammen mit den zugehörigen individuellen Kovariablen dargestellt. Es ist gut zu erkennen, dass für diesen Artikel eine individuelle Marketingmaßnahme stets mit einer Preisreduktion einhergeht. Der Preis variiert bei diesem Artikel aber auch unabhängig von Marketingmaßnahmen mehrfach.

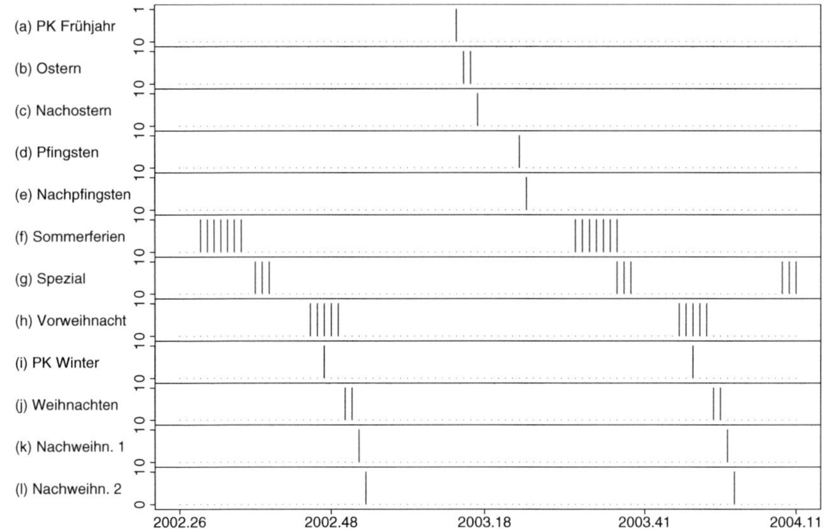

Abbildung 5.2: Kalenderereignisse

Des Weiteren gibt es 12 dummycodierte Kalenderereignisse, welche für alle Artikel identisch sind. Diese nehmen den Wert 1 an, wenn das entsprechende Ereignis in die jeweilige Kalenderwoche fällt und sind in der Reihenfolge ihres jährlichen Auftretens in Abbildung 5.2 dargestellt. Die Variablen *Ostern*, *Nachostern*, *Pfingsten*, *Nachpfingsten*, *Sommerferien*, *Vorweihnacht* und *Weihnachten* sind selbsterklärend. Die Dummyvariablen *Nachweihn. 1* und *Nachweihn. 2* kennzeichnen jeweils die erste und zweite Woche nach Weihnachten. Insgesamt wird das Weihnachtsgeschäft also durch vier Kovariablen beschrieben, was dessen besondere Bedeutung für den Einzelhandel unterstreicht. Die Variablen *PK Frühjahr* und *PK Winter* zeigen Wochen an, in denen Mitarbeiter des Konzerns zu vergünstigten Konditionen Waren erwerben können. Die Variable *Spezial* kennzeichnet Wochen, in denen das Unternehmen auf sehr viele Produkte Preisnachlässe gewährt und dies durch intensive Werbemaßnahmen begleitet.

5.2 Gang der Untersuchung

Die Prognoseeigenschaften der betrachteten Modelle werden für verschiedene Prognosehorizonte anhand von *rollierenden Prognosen* untersucht. Für dieses Verfahren wird jede Zeitreihe in eine *Lernstichprobe* und eine *Validierungsstichprobe* aufgeteilt. Die Stichprobe, in der das jeweilige Prognosemodell angepasst wird, ändert sich bei rollierenden Prognosen in jedem Schritt. Diese Teilmenge der Beobachtungen wird als *Anpassungsstichprobe* bezeichnet. Das Verhältnis der Beobachtungsanzahl zwischen Lern- und Validierungsstichprobe beträgt üblicherweise zwei zu eins. Hier umfasst die Lernstichprobe in jeder Zeitreihe also die ersten 60 und die Validierungsstichprobe die letzten 30 Beobachtungen.[194] Im Folgenden wird das Verfahren der rollierenden Prognosen beispielhaft für Ein-Schritt-Prognosen beschrieben.

Im ersten Schritt entspricht die Anpassungsstichprobe der Lernstichprobe. Das Prognosemodell wird in der Anpassungsstichprobe angepasst, auf Basis des geschätzten Modells wird eine Ein-Schritt-Prognose berechnet und gespeichert. Diese erste Prognose fällt auf den ersten Zeitpunkt in der Validierungsstichprobe. Für die Berechnung der nächsten Ein-Schritt-Prognose wird die erste Beobachtung aus der Anpassungsstichprobe gestrichen, und die erste Beobachtung aus der Validierungsstichprobe in die Anpassungsstichprobe aufgenommen. Das Zeitfenster der Anpassungsstichprobe wird also um einen Zeitpunkt Richtung Zukunft verschoben, die Anpassungsstichprobe umfasst demnach immer 60 Beobachtungen. In der aktualisierten Anpassungsstichprobe wird erneut das Prognosemodell angepasst sowie eine Ein-Schritt-Prognose berechnet und gespeichert. Diese Prognose fällt auf den zweiten Zeitpunkt der Validierungsstichprobe. Die Prozedur wird auf diese Weise fortgesetzt, bis die Ein-Schritt-Prognose auf den letzten Zeitpunkt der Validierungsstichprobe fällt. Das Resultat dieser rollierenden Vorgehensweise ist eine Sequenz von 30 Ein-Schritt-Prognosen. Die Differenzen zu den jeweiligen Beobachtungen in der Validierungsstichprobe sind die Prognosefehler, auf deren Grundlage ein Prognosegütemaß berechnet wird. Bei Mehr-Schritt-Prognosen ist die Vorgehensweise identisch, es können lediglich weniger Prognosen berechnet werden, da die erste Prognose auf einen späteren Zeitpunkt in der Validierungsstichprobe fällt.

Da die Zeitreihen stark unterschiedliche Mittelwerte aufweisen, wird zur Beurteilung der Prognosegüte mit dem *mittleren absoluten prozentualen Fehler* (engl.: *Mean Absolute Percentage Error, MAPE*) ein klassisches dimensionsloses Prognosegütemaß herangezogen. Der MAPE für eine h-Schritt-Prognose ist definiert als

$$MAPE_h = \frac{1}{T - T_{\mathrm{L}} - h + 1} \sum_{t=T_{\mathrm{L}}+h}^{T} \left| \frac{y_t - \hat{y}_{t|t-h}}{y_t} \right| \quad , \tag{5.1}$$

wobei T_{L} der Zeitindex der letzten Beobachtung der Lernstichprobe ist.[195] Für jeden Prognosehorizont wird der MAPE bei jeder Zeitreihe und für jede verwendete Modellvariante berechnet.

[194] Vgl. Hastie et. al. (2009), S. 222.
[195] Vgl. De Gooijer/Hyndman (2005), S. 18.

Da Abverkäufe nicht negativ sein können, werden vor der Berechnung des MAPE negative Abverkaufsprognosen durch den Wert null ersetzt.

Der Vergleich der Prognoseleistung von verschiedenen Modellen bzw. Modellvarianten auf Basis einer großen Anzahl von Zeitreihen ist ein eigenständiges Problem. Im betrachteten Datensatz sind bei einem Vergleich der Modelle jeweils 2.244 einzelne MAPEs zu berücksichtigen. Eine einfache Möglichkeit besteht darin, den Modellvergleich auf Basis von tabellierten deskriptiven Lage- und Streuungsmaßen der MAPEs vorzunehmen. Bei einer großen Anzahl von zu vergleichenden Verfahren ist eine tabellarische Darstellung aber unübersichtlich. Des Weiteren geht die Aggregation der Prognosegütemaße mit einem Informationsverlust einher, insbesondere im Hinblick auf den direkten Vergleich von jeweils zwei Modellen bzw. Modellvarianten. In Kapitel 6 werden zur Beurteilung der Prognosegüte drei Diagrammtypen verwendet, die eine differenzierte Betrachtung der Prognoseleistung der verschiedenen Verfahren ermöglichen.

5.3 Ablauf und Einordnung

In diesem Abschnitt wird die konkrete Vorgehensweise bei der Modellierung und Prognose der einzelnen Zeitreihen beschrieben. Die Modellierungs- und Prognosestrategie orientiert sich dabei an den Eigenschaften des verwendeten Datensatzes. Die gesamte Untersuchung wurde in der Programmiersprache R (Version 2.8) umgesetzt.[196] Zunächst wird ein Überblick über die entwickelte Strategie gegeben, in den Unterabschnitten werden dann die einzelnen Schritte genau beschrieben.

In Abbildung 5.3 ist die entwickelte Strategie schematisch dargestellt. Im Vergleich zur klassischen Vorgehensweise nach Box und Jenkins wird aus zwei Gründen auf eine Analyse der Streuungsstruktur verzichtet.[197] Zum einen wird die Modellierung der Mittelwertstruktur durch heteroskedastische Fehler kaum beeinflusst.[198] Zum anderen sind Prognosen in Zeitreihen, die einer Box-Cox-Transformation unterzogen wurden, systematisch verzerrt, wenn diese in die ursprüngliche Maßeinheit zurücktransformiert werden. Eine Korrektur dieser Verzerrung ist zwar möglich, hängt aber von der konkreten Transformation ab. Eine algebraische Berechnung der Korrektur ist nur in Spezialfällen möglich, meistens muss diese mit numerischen Methoden bestimmt werden. Vor dem Hintergrund der angestrebten Automatisierung ist dies zu aufwän-

[196] Vgl. R Development Core Team (2008).
[197] Zum Ablauf der klassischen Box-Jenkins-Methode vgl. Abschnitt 2.4.3.
[198] Vgl. Ruppert et al. (2003), S. 262.

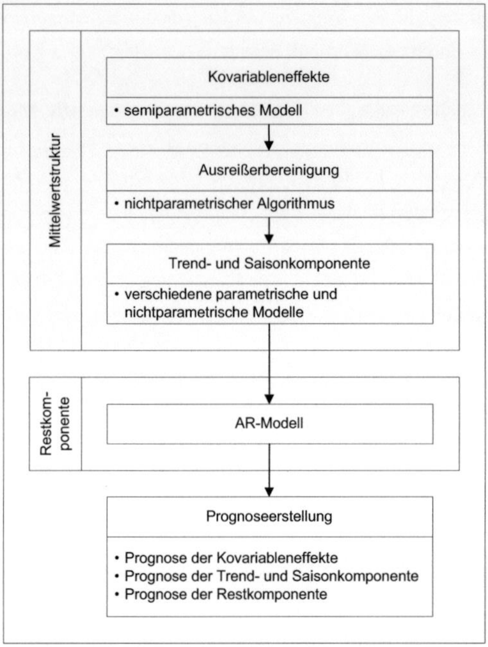

Abbildung 5.3: Ablaufschema der entwickelten Modellierungs- und Prognosestrategie

dig.[199] Die Modellierung der Mittelwertstruktur erfolgt in drei Schritten. Zunächst werden die Kovariableneffekte im Rahmen eines semiparametrischen Regressionsmodells isoliert und prognostiziert. Dies wird in Abschnitt 5.3.1 ausführlich erläutert. Im Rahmen der Entwicklung der Modellierungs- und Prognosestrategie wurden mehrere Zeitreihen nach der Kovariableneffektbereinigung stichprobenartig überprüft. Dabei hat sich gezeigt, dass nicht alle isolierten Absatzspitzen oder Absatzeinbrüche durch die zur Verfügung stehenden Kovariablen erklärt werden können. Solche Absatzspitzen oder Absatzeinbrüche sind als Ausreißer zu betrachten und werden mit dem in Abschnitt 5.3.2 erläuterten nichtparametrischen Algorithmus im zweiten Schritt entfernt. Im dritten Schritt wird die Trend- und Saisonkomponente durch verschiedene parametrische und nichtparametrische Modelle beschrieben und prognostiziert. In Abschnitt 5.3.3 wird dargelegt, welche Modelle hierfür verwendet werden. Mit Hilfe eines einfachen Box-Jenkins-Modells wird abschließend geprüft, ob es in der verbleibenden Restkomponente noch serielle Abhängigkeiten gibt, die zur Verbesserung von kurzfristigen Prognosen genutzt werden können.

[199] Vgl. Cowpertwait/Metcalfe (2009), S. 115 ff.

5.3.1 Isolierung und Prognose der Kovariableneffekte

Die Kovariableneffekte werden im Rahmen eines semiparametrischen Modells geschätzt und prognostiziert. Der parametrische Teil dieses Modells enthält die Kalenderereignisse sowie die individuellen Kovariablen. Der nichtparametrische Teil des Modells besteht aus einem kubischen Spline mit vier äquidistanten Knoten und dient dazu, die Trend- oder Saisonkomponente abzubilden. Die zusätzliche Berücksichtigung einer nichtparametrischen Modellkomponente ist erforderlich, damit die Kovariableneffekte in Gegenwart einer Trend- oder Saisonkomponente unverzerrt geschätzt werden können.[200] Die kovariableneffektbereinigte Zeitreihe wird ermittelt, indem der geschätzte Gesamteffekt der Kovariablen von der Zeitreihe abgezogen wird. Die Prognose der Kovariableneffekte wird auf Basis der geschätzten Koeffizienten und der Kovariablenwerte zum gewünschten Prognosezeitpunkt berechnet.[201] Aus technischer Sicht handelt es sich bei der kovariableneffektbereinigten Zeitreihe um die partiellen Residuen des Trend- und Saisoneffektes. Aus diesem Grund ist das Gesamtniveau der kovariableneffektbereinigten Zeitreihe verschoben und inhaltlich nicht mehr interpretierbar.[202]

In Abschnitt 2.1 wurde erläutert, dass bei Verwendung eines Regressionsmodells grundsätzlich ein zeitgleicher Einfluss der Kovariableneffekte unterstellt wird. Da es sich bei den Kovariablen um Artikelpreise, individuelle Marketingmaßnahmen und globale Kalenderereignisse handelt, ist dies vor dem Hintergrund des intensiven Wettbewerbs im Einzelhandel plausibel. In Abschnitt 2.2.1 wurden verschiedene Sachverhalte angesprochen, die bei der Verwendung von Regressionsmodellen mit Zeitreihen im Hinblick auf die Kovariablen beachtet werden müssen. Hierbei ist insbesondere die Kovariablenprognose bei der Prognoseerstellung von zentraler Bedeutung. Alle auf linearen Regressionsmodellen beruhenden Prognosen setzen die Kenntnis des Kovariablenvektors zum Prognosezeitpunkt voraus, der bezogen auf das Ende des Anpassungszeitraumes in der Zukunft liegt. Entscheidend für die Prognoseerstellung ist in diesem Zusammenhang die Natur der Zeitreihen. Bei der Modellierung der Trend- und Saisonfigur dient der Zeitindex, welcher vorherbestimmt und damit perfekt prognostizierbar ist, als Kovariable. Bei den Kalenderereignissen handelt es sich um Feiertage, Schulferien und wiederkehrende konzernweite Aktionen, die ebenfalls vorherbestimmt sind. Die individuellen Marketingmaßnahmen und Artikelpreise stammen aus betriebswirtschaftlichen Planungsprozessen und sind für die betrachteten Prognosehorizonte den kontrollierbaren Kovariablen zuzurechnen. Alle in Abschnitt 5.1 aufgeführten Kovariablen können daher zur Prognose im Rahmen eines LRM verwendet werden.

[200] Zu den Auswirkungen der Nichtberücksichtigung relevanter Kovariablen vgl. Abschnitt 2.3.
[201] Vgl. Abschnitt 2.2.1.
[202] Vgl. Ruppert et al. (2003), S. 38 ff.

Ein potentielles Problem bei der Verwendung von Zeitreihen in Regressionsmodellen ist die Scheinkorrelation zwischen der abhängigen Variablen und den Kovariablen. Dummycodierte Kovariablenzeitreihen sind in dieser Hinsicht unproblematisch, da es sich bei diesen nicht um integrierte Prozesse handelt. Auch für die individuellen Artikelpreise kann dies faktisch ausgeschlossen werden, da diese in der Regel in mehreren aufeinanderfolgenden Wochen konstant sind und insgesamt um einen globalen Mittelwert schwanken. Die Problematik der Scheinkorrelation kann bei den vorliegenden Kovariablen demnach vernachlässigt werden. Ein nicht auf Zeitreihendaten beschränktes Problem ist die mangelnde Variation der Kovariablen in der Anpassungsstichprobe. Bei den individuellen Kovariablen kann dieser Fall eintreten, wenn im Anpassungszeitraum keine individuelle Marketingmaßnahme durchgeführt wird oder der Artikelpreis konstant bleibt. In jedem Schritt der rollierenden Prognose wird dies geprüft, entsprechende Kovariablen werden gegebenenfalls für den aktuellen Prognoseschritt aus dem Modell gestrichen. Bei den Kalenderereignissen ist dieses Problem nicht relevant, da jedes Ereignis mindestens einmal pro Jahr eintritt und der Anpassungszeitraum mehr als ein Jahr umfasst. Ein weiteres Problem kann eine perfekte lineare Abhängigkeit zwischen den Kovariablen sein. Dieser Fall kann auftreten, wenn im Anpassungszeitraum die einzige Marketingmaßnahme exakt mit einem Kalenderereignis zusammenfällt. Auch dies wird in jedem Schritt der rollierenden Prognose überprüft, gegebenenfalls wird das entsprechende Kalenderereignis für den aktuellen Prognoseschritt aus dem Modell gestrichen.

Die Isolierung der Kovariableneffekte erfolgt vor der Ausreißerbereinigung, da andernfalls durch Marketingaktionen oder Kalendereffekte verursachte Abverkaufsspitzen fälschlicherweise wie Ausreißer behandelt würden. Im Folgenden wird am Beispiel eines einzelnen additiven Ausreißers diskutiert, welche Auswirkungen Ausreißer bei der Kovariableneffektisolierung haben. Es ist sinnvoll, zwischen dummycodierten und metrisch codierten Einflussgrößen zu differenzieren. Tritt ein Ausreißer zu einem Zeitpunkt auf, der mit einer Marketingmaßnahme oder einem Kalenderereignis zusammenfällt, wird der betreffende Kovariableneffekt durch den Ausreißer verzerrt. Da der betreffende Kovariableneffekt die Ausreißerwirkung aufnimmt, werden die übrigen Kovariableneffekte nicht berührt.[203] Durch metrische Kovariablen werden die Trend- und Saisonkomponente sowie der Preiseffekt modelliert. Bei einer Stichprobengröße von 60 werden dafür insgesamt 8 Freiheitsgrade benötigt.[204] Tritt ein Ausreißer zu einem Zeitpunkt auf, der nicht mit einer Aktion oder einem Kalenderereignis zusammenfällt, werden diese Effekte und damit die Gesamtanpassung nur moderat vom Ausreißer beeinflusst.

[203] Vgl. die Ausführungen zu Ausreißereffekten bei der Verwendung von Saisondummys in Abschnitt 2.5.

[204] Ein Freiheitsgrad für die Schätzung des Preiseffektes und 7 Freiheitsgrade für den kubischen Spline mit 4 Knoten.

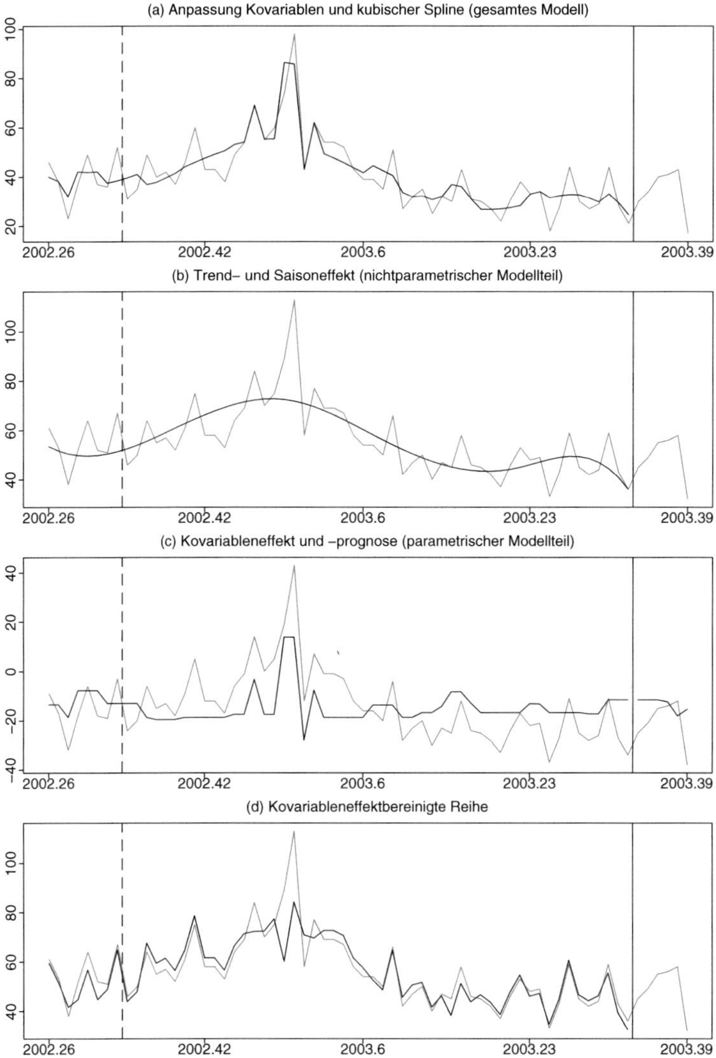

Abbildung 5.4: Bereinigung und Prognose von Kovariableneffekten

In Abbildung 5.4 ist die Kovariableneffektbereinigung und -prognose im ersten Schritt der rollierenden Prognose veranschaulicht. Die verwendete Zeitreihe ist mit der aus Abbildung 5.1 identisch. An dieser Stelle werden die ersten 72 Beobachtungen der Zeitreihe verwendet, wobei die ersten 60 Beobachtungen als Anpassungsstichprobe dienen. Die Originalzeitreihe ist stets in grau eingezeichnet, das Ende der Anpassungsstichprobe wird durch die vertikale Linie und der Beginn des letzten vollständigen Saisonzyklus durch die vertikale gestrichelte Linie markiert. Die isolierten Effekte sind immer in der Originalskala dargestellt. Um den Vergleich mit der Originalzeitreihe zu vereinfachen, wird gegebenenfalls deren Gesamtniveau für die Darstellung justiert. In Abbildung 5.4 (a) ist die Gesamtanpassung des semiparametrischen Modells und in Abbildung 5.4 (b) der geschätzte Trend- und Saisoneffekt zu sehen. Der geschätzte Kovariableneffekt sowie die daraus resultierende Ein-Schritt-Prognose bis Sechs-Schritt-Prognose sind in Abbildung 5.4 (c) eingezeichnet. Die kovariableneffektbereinigte Zeitreihe ist in Abbildung 5.4 (d) dargestellt.[205] Bei dieser Zeitreihe wird insbesondere die durch das Weihnachtsgeschäft verursachte Abverkaufsspitze gut durch die Kovariablen erklärt.

5.3.2 Ausreißerbereinigung

Alle nicht mit Kovariablen erklärbaren Verkaufsspitzen oder Absatzeinbrüche werden als Ausreißer betrachtet. Unerwartete Verkaufsspitzen können zum einen unvorhersehbare tatsächliche Abverkäufe sein, die beispielsweise durch Hamsterkäufe verursacht werden. Zum anderen kann es sich um Datenfehler handeln, zum Beispiel wenn eine durchgeführte Marketingmaßnahme nicht aufgezeichnet wird oder ein Buchungsfehler im Warenwirtschaftssystem vorliegt. Tritt ein unerwarteter Absatzeinbruch auf, liegt dies mit hoher Wahrscheinlichkeit daran, dass ein Artikel nicht mehr vorrätig ist. Ursache hierfür kann ein Dispositionsfehler oder ein unerwartet hoher Abverkauf in der Vorwoche sein. Es ist aber auch möglich, dass ein Artikel aus irgendeinem Grund nicht mehr nachgefragt wird, beispielsweise nach dem Rückruf einer kontaminierten Charge eines Lebensmittels.[206] In Abschnitt 2.1 wurden die negativen Auswirkungen von Ausreißern sowie die Notwendigkeit ihrer Beseitigung erläutert. Im Folgenden wird das verwendete automatische Verfahren zur Ausreißerbereinigung allgemein beschrieben sowie anhand eines konkreten Beispiels dargestellt.

Der entwickelte Algorithmus beruht im Wesentlichen auf dem *gleitenden Median* (engl.: *running median*), einem einfachen *robusten Filter*.[207] Aus einer Zeitreihe extrahiert dieser Filter die

[205] Zur Justierung des Gesamtniveaus der Originalzeitreihe wird in den Abbildungen 5.4 (b) und (d) ein Betrag von 15 addiert und in Abbildung 5.4 (c) ein Betrag von 55 subtrahiert.

[206] Weitere mögliche Gründe für Ausreißer werden in Küsters/Becker (2005), S. 337 ff genannt.

[207] Eine Methode wird als robust bezeichnet, wenn diese bis zu einem bestimmten Grad unempfindlich gegenüber

Mittelwertstruktur, welche in diesem Zusammenhang als *Signal* (engl.: *signal* oder *smooth*) bezeichnet wird. Die Differenz zwischen der Zeitreihe und dem extrahierten Signal wird *Rauschen* (engl.: *noise* oder *rough*) genannt.[208] Der gleitende Median ist durch

$$y_t^* = F_{\text{med}}(y_t,l) = median\{y_{t-l}, y_{t-l+1}, \cdots, y_{t+l}\} \quad \text{mit} \quad l \in \mathbb{N} \tag{5.2}$$

definiert.[209] Die gefilterte Beobachtung zum Zeitpunkt t wird mit y_t^* gekennzeichnet. Die Teilstichprobe, auf deren Basis der Median berechnet wird, wird als *Fenster* bezeichnet, die Anzahl der Beobachtungen im Fenster als *Fensterbreite*. In der Grundform kann dieser Filter nur auf Beobachtungen der Zeitpunkte $t = l+1, \cdots, T-l$ angewendet werden, da das Fenster sonst unbeobachtete Zeitpunkte enthalten würde. Daher ist zu definieren, wie der Filter für Beobachtungen am Rand des Fensters sowie für deren unmittelbare Nachbarn verfahren soll. Für Beobachtungen in der Nähe des Randes wird das Fenster entsprechend verkleinert, so dass dieses nur beobachtete Zeitpunkte enthält. Für die Randbeobachtungen wird *Tukey's Endpunktregel* (engl.: *Tukey's end point rule*) verwendet.[210] Beide Vorgehensweisen werden im Folgenden erläutert.

Im verwendeten Algorithmus wird ein gleitender Median mit Fensterbreite 7 ($l=3$) verwendet, die Filterdefiniton (5.2) muss daher für die ersten und letzten drei Beobachtungen der zu glättenden Zeitreihe modifiziert werden. Für die beiden den Randbeobachtungen jeweils am nächsten liegenden Beobachtungen wird der Filter gekürzt:

$$y_2^* = F_{\text{med}}(y_2,1) \qquad y_{T-1}^* = F_{\text{med}}(y_{T-1},1) \tag{5.3a}$$

$$y_3^* = F_{\text{med}}(y_3,2) \qquad y_{T-2}^* = F_{\text{med}}(y_{T-2},2) \quad . \tag{5.3b}$$

Für die Randbeobachtungen wird Tukey's Endpunktregel verwendet:

$$y_1^* = median\,\{y_1, y_2^*, 3y_2^* - 2y_3^*\} \tag{5.4a}$$

$$y_T^* = median\,\{y_T, y_{T-1}^*, 3y_{T-1}^* - 2y_{T-2}^*\} \quad . \tag{5.4b}$$

Der eigentliche Algorithmus zur Ausreißerbereinigung besteht aus drei Schritten:

1. Die zu bereinigende Zeitreihe wird mit einem gleitenden Median der Länge 7 ($l = 3$) geglättet.

Ausreißern ist, vgl. Maronna et al. (2006), S. 1.

[208] Vgl. Gather et al. (2006), S. 131 und Velleman/Hoaglin (1981), S. 160 f. Filter zur Signalextraktion werden auch als *Tiefpassfilter* (engl.: *low-pass filter*) bezeichnet, vgl. Fan/Yao (2003), S. 221.

[209] Vgl. Velleman/Hoaglin (1981), S. 163 ff.

[210] Vgl. Tukey (1977), S. 221 f.

2. Die Ausreißer werden auf Basis von Box-Plot-Statistiken im Rauschen identifiziert.[211] Eine Beobachtung wird als Ausreißer betrachtet, wenn der zugehörige Rauschpunkt größer als das dritte Quartil plus den 1,5-fachen Interquartilsabstand oder wenn dieser kleiner als das erste Quartil minus den 1,5-fachen Interquartilsabstand des Rauschens ist.[212]

3. Eine als Ausreißer identifizierte Beobachtung wird durch ihren geglätteten Wert ersetzt.

Die Verwendung des gleitenden Medians als Grundbaustein des Verfahrens hat mehrere Vorteile. Zum einen werden einzelne additive Ausreißer, auch wenn diese am Rand des Beobachtungsfensters liegen, herausgefiltert. Zum anderen können mehrere aufeinanderfolgende Ausreißer herausgefiltert werden, wenn deren Anzahl kleiner oder gleich l ist. Der hier verwendete Filter liefert also bei bis zu drei aufeinanderfolgenden Ausreißern verlässliche Resultate. Des Weiteren bleiben Mittelwertstrukturbrüche in der gefilterten Zeitreihe im Wesentlichen erhalten.[213] Diese günstigen Eigenschaften vererben sich auf den beschriebenen Algorithmus.

Die Anwendung des Verfahrens ist in Abbildung 5.5 veranschaulicht. Hierfür wird die Zeitreihe aus Abbildung 1.1 (b) in mehrfacher Hinsicht modifiziert. Zur ersten Beobachtung werden 50 Einheiten addiert und von der vorletzten Beobachtung 50 Einheiten subtrahiert, um die Filtereigenschaften in den Randbereichen der Zeitreihe zu zeigen. Zu den Beobachtungen von Kalenderwoche 37 bis Kalenderwoche 39 im Jahr 2002 werden jeweils 50 Einheiten addiert, um die Filtereigenschaften bei drei aufeinanderfolgenden Ausreißern zu verdeutlichen. Des Weiteren werden zu den letzten 30 Beobachtungen 30 Einheiten addiert, um die Filtereigenschaften bei einem Mittelwertstrukturbruch zu demonstrieren. Es ist zu beachten, dass die Kalendereffekte hier wie Ausreißer behandelt werden, da diese nicht explizit modelliert werden. In Abbildung 5.5 (a) ist die modifizierte Zeitreihe als graue Linie und die mit dem gleitenden Median gefilterte Zeitreihe als schwarze Linie eingezeichnet. Es ist gut zu erkennen, dass in der geglätteten Zeitreihe alle Ausreißer herausgefiltert werden und der Mittelwertstrukturbruch weitgehend erhalten bleibt. In Abbildung 5.5 (b) ist das Rauschen als graues Histogramm dargestellt, die Ausreißergrenzen sind als horizontale schwarze Linien eingetragen. Beobachtungen im Rauschen, die aufgrund dieser Grenzen als Ausreißer identifiziert werden, sind mit einem Kreis markiert. In Abbildung 5.5 (c) ist die ausreißerbereinigte Zeitreihe in schwarz über der in grau dargestellten ursprünglichen Zeitreihe eingezeichnet. Abgesehen von den ersetzten Ausreißern bleiben alle Strukturen der ursprünglichen Zeitreihe vollkommen unverändert.

[211] Bereits in Velleman/Hoaglin (1981), S. 178 ff wird darauf hingewiesen, dass das Rauschen Grundlage einer Ausreißeridentifikation sein kann.

[212] Vgl. Toutenburg/Heumann, S. 83 f.

[213] Vgl. Gather et al. (2006), S. 134.

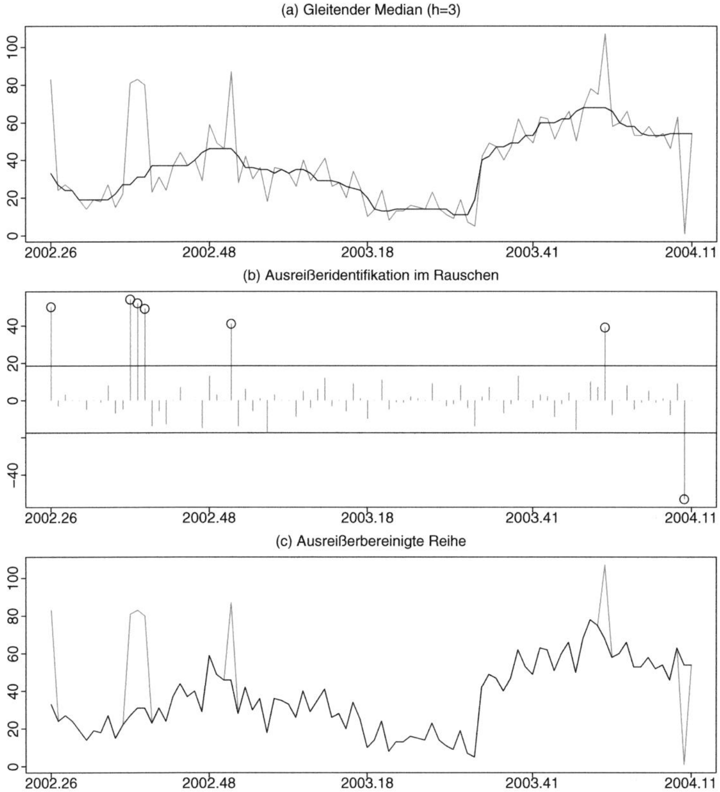

Abbildung 5.5: Algorithmus zur Ausreißerbereinigung

5.3.3 Verwendete Modelle und Modellvarianten

In diesem Abschnitt werden die Modelle und Modellvarianten spezifiziert, die im Rahmen der empirischen Untersuchung zur Modellierung und Prognose der Trend- und Saisonkomponente verwendet werden. In Tabelle 5.1 sind die Modelle aufgeführt. In der ersten Spalte sind die Abkürzungen der Modelle angegeben, die in den Diagrammen des nächsten Kapitels verwendet werden. Neben der Beschreibung sind in der zweiten Spalte zu jedem Modell gegebenenfalls weitere Spezifikationen angegeben, zum Beispiel die Anzahl der verwendeten Knoten bei Splineregressionsmodellen.[214]

[214] Um in den Abbildungen die Verwendung von Umlauten zu vermeiden, wird für die Splinemodelle mit äquidistanten Knoten der Suffix .eq verwendet, welcher sich aus dem englischen *equidistant* ableitet.

Kurzform	Beschreibung gegebenenfalls weitere Details
naiv	Naives Prognosemodell
Lin	Trendmodell mit globalem linearen Trend
Kub	Trendmodell mit globalem kubischen Trend
P-Sp	Kubisches P-Spline-Modell 10 innere Knoten mit GCV-optimalem Glättungsparameter λ
KSp.eq	Kubisches Regressionssplinemodell mit äquidistanten Knoten 5 innere äquidistante Knoten
KSp.bp	Kubisches Regressionssplinemodell mit adaptiven Knoten Knoten sind Bruchpunkte eines Mittelwertmodells, mindestens 1 Knoten
NKS.eq	Natürliches kubisches Splinemodell mit äquidistanten Knoten 5 innere äquidistante Knoten
NKS.bp	Natürliches kubisches Splinemodell mit adaptiven Knoten Knoten sind Bruchpunkte eines Mittelwertmodells, mindestens 3 Knoten
PerSp	Periodisches kubisches Splinemodell 3 innere Knoten in der letzten Saisonperiode, Randbedingungen am Anfang und Ende der letzten Saisonperiode, nichtparametrische Schätzung des Trendeffektes

Tabelle 5.1: Verwendete Modelle

Die ersten drei in Tabelle 5.1 genannten Modelle werden als Referenzmodelle verwendet. Beim naiven Prognosemodell ist die Prognose für jeden Prognosehorizont mit der letzten Beobachtung in der Anpassungsstichprobe identisch, die Prognose entspricht daher der eines ARIMA(0,1,0)-Modells. Da diese Prognosemethode keinerlei Rechenaufwand erfordert, wird es im Rahmen von vergleichenden Untersuchungen oft als Referenzmethode eingesetzt, dem wird hier gefolgt.[215] Das globale lineare Trendmodell ist ein sehr sparsames Modell, welches in der betriebswirtschaftlichen Praxis weit verbreitet ist und hier als zweites Referenzmodell verwendet wird.[216] In Abschnitt 4.3.1 wurde erläutert, dass das globale kubische Modell als einfachster Spezialfall eines kubischen Regressionssplinemodells aufgefasst werden kann. In dieser Hinsicht wird das globale kubische Modell ebenfalls als Referenzmodell betrachtet. Die

[215]Vgl. De Gooijer/Hyndman (2005), S. 18.
[216]Vgl. McCarthy et al. (2006), S. 311 f.

Anpassungs- und Prognosevarianzen des globalen linearen und des globalen kubischen Modells wurden bereits in Abschnitt 4.5 betrachtet, für das naive Prognosemodell ist keine Varianz definiert.

Für das kubische Regressionssplinemodell und das natürliche kubische Splinemodell wird untersucht, ob eine adaptive Knotenwahl zu einer Verbesserung der Prognosegüte beitragen kann. Daher werden beide Modelle sowohl mit äquidistanten Knoten als auch mit adaptiven Knoten verwendet. Zur adaptiven Knotenwahl wird der Algorithmus zur Bruchpunkterkennung genutzt, bei dem ein Mittelwertmodell zugrunde gelegt und eine Mindestlänge der Segmente von 6 Beobachtungen vorgegeben wird.[217] Für das kubische Regressionssplinemodell wird dabei stets mindestens ein innerer Knoten verwendet, damit dieses Modell nicht zu einem globalen kubischen Modell degeneriert. Wird bei der Bruchpunkterkennung ein Mittelwertmodell ohne Bruchpunkt als global optimal identifiziert, wird demnach die optimale 2-Segment-Partition verwendet. Für die Anpassung des natürlichen kubischen Splinemodells sind mindestens drei innere Knoten erforderlich.[218] Ist gemäß der Bruchpunkterkennung ein Mittelwertmodell mit weniger als drei Knoten global optimal, wird dann die optimale 4-Segment-Partition verwendet.

Suffix	Beschreibung
ohne	Grundform
.d	Dämpfung von Effekten mit unbegrenzt steigender Prognosevarianz
.ar	Modellierung und Prognose der Restkomponente
.d.ar	Dämpfung von Effekten mit unbegrenzt steigender Prognosevarianz, Modellierung und Prognose der Restkomponente

Tabelle 5.2: Verwendete Modellvarianten

Von jedem Modell werden mehrere Varianten verwendet, die in Tabelle 5.2 aufgeführt sind. In der ersten Spalte dieser Tabelle sind Kurzformen der Varianten angegeben. Diese Kurzformen werden in den Abbildungen des nächsten Kapitels den in Tabelle 5.1 genannten Abkürzungen der Modelle angehängt. Die Dämpfung der Prognose ist nur für solche Effekte sinnvoll, bei denen die Prognosefunktion und damit gleichzeitig die Prognosevarianz mit steigendem Prognosehorizont unbegrenzt wächst. Vom naiven Prognosemodell wird daher keine gedämpfte Variante verwendet, beim periodischen Splinemodell wird nur der prognostizierte Trendeffekt gedämpft.[219] Für alle Modelle wird überprüft, ob die zusätzliche Modellierung und Prognose der Restkomponente zu einer Verbesserung der Prognosegüte beitragen kann. Da eine automa-

[217]Vgl. Abschnitt 4.3.1.
[218]Vgl. Abschnitt 4.4.1.
[219]Vgl. Abschnitt 4.4.2.

tische Modellierung der Restkomponente nicht Gegenstand der Betrachtung ist, werden hierfür ausschließlich AR(2)-Modelle verwendet, die in der angewandten Zeitreihenstatistik zu den am häufigsten eingesetzten Modellen gehören.[220] Das naive Modell mit zusätzlich modellierter Restkomponente ist in Bezug auf die Prognose dann mit einem ARIMA(2,1,0)-Modell identisch. Im Hinblick auf die Gesamtprognose ist zu erwarten, dass der Einfluss der prognostizierten Restkomponente auf die Gesamtprognose mit zunehmendem Prognosehorizont abnimmt, da die Prognosen der Restkomponente schnell gegen den Mittelwert der Restkomponente, also null, konvergieren. Der Verzicht auf einen MA-Anteil ist im Hinblick auf die Modellierung von Massendaten sinnvoll, da mit der bedingten KQ-Methode ein einfaches und schnelles Verfahren zur Parameterschätzung verwendet werden kann.[221]

[220] Vgl. Greene (2003), S. 619.
[221] Vgl. Abschnitt 2.4.2.

6 Auswertung der empirischen Untersuchung

Im Hinblick auf die in Kapitel 5 formulierten Fragestellungen werden in diesem Kapitel die in Abschnitt 5.3.3 spezifizierten Modelle und Modellvarianten hinsichtlich ihrer Prognoseeigenschaften miteinander verglichen. In den Abschnitten 6.1 bis 6.3 erfolgt die Auswertung getrennt für die Prognosehorizonte $h = 1$, $h = 2$ und $h = 6$. In Abschnitt 6.1 werden zusätzlich die zur Auswertung verwendeten Diagramme ausführlich erläutert. Die Ergebnisse werden in Abschnitt 6.4 zusammengefasst.

6.1 Auswertung für Ein-Schritt-Prognosen

Zur Beurteilung der Prognoseeigenschaften der verschiedenen Modelle und Modellvarianten werden zunächst horizontale *Box-Plots* der MAPEs betrachtet. Box-Plots sind ein klassisches Werkzeug der explorativen Datenanalyse und werden auf Basis von deskriptiven Statistiken der untersuchten Werte konstruiert. Die der Abbildung zugrunde liegenden Statistiken sind der Tabelle B.2 im Anhang zu entnehmen. Der linke und rechte Rand der Box entspricht jeweils dem ersten und dritten Quartil der beobachteten Werte, der schwarze Strich in der Mitte der Box kennzeichnet die Position des Medians. Um einen Eindruck über das Ausmaß der Unsicherheit bei der Schätzung des Medians zu gewinnen, ist ein approximatives 95%-Konfidenzintervall dargestellt, welches durch die horizontale Ausdehnung der grauen Flächen repräsentiert wird. Das Konfidenzintervall ist gegeben durch

$$KI_{x_{0,5}} = \{x | x_{0,5} - D \leq x \leq x_{0,5} + D\}$$

$$\text{mit } D = \frac{1{,}58 \cdot (x_{0,75} - x_{0,25})}{\sqrt{n}} \quad ,$$

wobei die x_α die empirischen α-Quantile der beobachteten Werte sind.[222] Beobachtungen, die größer als das dritte Quartil plus dem 1,5-fachen Interquartilsabstand oder kleiner als das erste Quartil minus dem 1,5-fachen Interquartilsabstand sind, werden als Ausreißer betrachtet und sind als vertikale graue Linien einzeln eingetragen.[223] Die äußeren Linien werden als *Schnurrhaare* (engl.: *whisker*) bezeichnet. Das linke bzw. rechte Schnurrhaar endet bei der kleinsten bzw. größten Beobachtung, die nicht als Ausreißer gilt.[224] Die für die Modelle und Modellvarianten verwendeten Abkürzungen sind in den Tabellen 5.1 und 5.2 definiert. Für den Prognosehorizont $h = 1$ werden von jedem Modell die Grundform sowie die Variante mit zusätzlich modellierter Restkomponente verwendet. Varianten mit Dämpfung werden bei diesem Prognosehorizont nicht genutzt. Die horizontalen Grenzen zwischen den Boxen verschiedener Modelle sind zusätzlich durch gestrichelte Linien markiert. Um den Vergleich nicht unmittelbar benachbarter Modellvarianten zu erleichtern, ist zusätzlich eine vertikale Linie durch den kleinsten Median eingetragen.

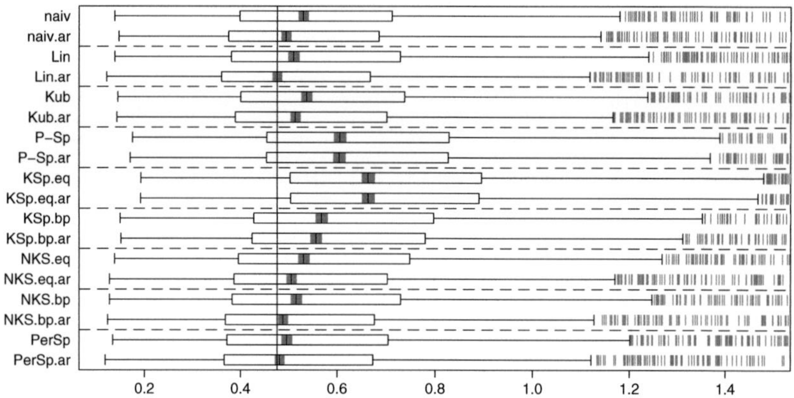

Abbildung 6.1: Box-Plots für Prognosehorizont $h = 1$

Für alle Modellvarianten gilt, dass die MAPEs aufgrund ihres nichtnegativen Wertebereichs rechtsschief verteilt sind und keine Ausreißer jenseits des linken Schnurrhaars auftreten. Der Anteil der Ausreißer ist bei allen Modellvarianten sehr ähnlich und liegt zwischen 6,0% und 7,6%.[225] Dies lässt darauf schließen, dass sich ein bestimmter Anteil der Reihen mit den ge-

[222]Vgl. McGill et al. (1978), S. 16.

[223]In Abschnitt 5.3.2 wird diese Regel zur Ausreißeridentifiaktion verwendet.

[224]Vgl. Toutenburg/Heumann, S. 83 f.

[225]Die Anteile sind für alle Modellvarianten in der rechten Spalte von Tabelle B.2 im Anhang zu finden.

wählten Modellen nur schlecht prognostizieren lässt. Ursache hierfür könnten z. B. Strukturbrüche sein, welche im Rahmen der entwickelten Prognosestrategie nicht berücksichtigt wurden.

Bezogen auf die Grundformen hat das periodische Splinemodell mit einem Median der MAPEs von 49,6% im Mittel die besten Prognoseeigenschaften. Das lineare Modell (51,0%) und das natürliche kubische Splinemodell mit adaptiven Knoten (51,6%) sind nicht wesentlich schlechter.[226] Es handelt sich bei diesen Modellen um diejenigen mit den geringsten Prognosevarianzen, alle drei Modelle sind besser als das naive Prognosemodell (53,0%). Die beiden Modelle mit den größten Prognosevarianzen, das kubische Regressionssplinemodell mit äquidistanten Knoten (66,3%) und das P-Spline-Modell (60,6%), haben im Mittel deutlich die schlechteste Prognosegüte. Durch eine adaptive Knotenwahl beim kubischen Regressionssplinemodell wird die Prognosegüte mit einem mittleren MAPE von 56,8% besser als die des P-Spline-Modells. Im Vergleich zu allen weiteren Modellvarianten ist die Prognosegüte aber immer noch schlechter. Die Prognosegüten des globalen kubischen Modells (53,7%) und des natürlichen kubischen Splinemodells mit äquidistanten Knoten (53,1%) sind mit der Prognosegüte des naiven Prognosemodells vergleichbar. Beim kubischen Regressionssplinemodell und beim natürlichen kubischen Splinemodell kann demnach durch eine adaptive Knotenwahl die Prognoseleistung verbessert werden.

Beim P-Spline-Modell und dem kubischen Regressionssplinemodell mit äquidistanten Knoten führt die zusätzliche Modellierung der Restkomponente zu keiner nennenswerten Verbesserung der mittleren Prognosegüte. Dies ist ein Hinweis darauf, dass durch vergleichsweise adaptive nichtparametrische Modelle auch kurzfristige serielle Abhängigkeiten in der Restkomponente mit modelliert werden.[227] Bei allen anderen Modellen kann durch die zusätzliche Modellierung der Restkomponente grundsätzlich die mittlere Prognosegüte verbessert werden. Je sparsamer das entsprechende Modell ist, desto größer ist tendenziell der Effekt der zusätzlich modellierten Restkomponente. Beim linearen Modell sinkt dadurch der Median um 3,4% auf 47,6%, diese Modellvariante weist damit insgesamt die besten Prognoseeigenschaften auf. Das natürliche kubische Splinemodell mit adaptiven Knoten bzw. das periodische Splinemodell können um 2,8% auf 48,8% bzw. um 1,5% auf 48,1% verbessert werden. Bei allen weiteren Modellen fallen die Verbesserungen geringer aus.

Für die Box-Plots werden die MAPEs für die einzelnen Modellvarianten über alle Artikel hinweg aggregiert, wobei die Ordnungsinformationen über die Prognosegüte der Modellvarianten

[226] Ist bei der Diskussion der Box-Plots in diesem und den nächsten Abschnitten nach der Nennung eines Modells oder einer Modellvariante eine Prozentzahl in Klammern angegeben, handelt es sich immer um den entsprechenden Median der MAPEs.

[227] Vgl. Abschnitt 5.3.3.

innerhalb der einzelnen Zeitreihen verloren gehen. Um in dieser Hinsicht ein genaueres Bild über die Prognoseleistung der verwendeten Modellvarianten zu erhalten, wird ein eigens zu diesem Zweck entworfener Diagrammtyp verwendet. Zur Erstellung des Diagramms wird zunächst anhand der MAPEs für jede einzelne Zeitreihe die Rangfolge aller verwendeten Modellvarianten bestimmt. Anschließend wird für jede Modellvariante gezählt, wie oft diese zu den besten bzw. schlechtesten 5% aller Modellvarianten gehört. Bei den 18 für den Prognosehorizont $h = 1$ betrachteten Modellvarianten entspricht dies näherungsweise den besten bzw. schlechtesten zwei Modellvarianten. Die so ermittelten absoluten Häufigkeiten werden durch die Gesamtzahl der Zeitreihen geteilt, um Anteilswerte zu erhalten. Ein Wert von beispielsweise 20% bedeutet dann, dass die entsprechende Modellvariante bei 20% aller Zeitreihen den besten oder zweitbesten bzw. schlechtesten oder zweitschlechtesten MAPE erzielt hat. Die Anteilswerte werden schließlich in Form von zwei nebeneinander angeordneten, modifizierten *Punktplots* (engl.: *dot plots*) dargestellt, wobei links die Anteile wiedergegeben sind, in denen die jeweilige Modellvariante zu den besten 5% gehört und rechts die Anteile, in denen die jeweilige Modellvariante zu den schlechtesten 5% gehört.[228] Die Modifikation besteht darin, dass der Anteilswert einer Modellvariante linksbündig als Zahl in der entsprechenden Zeile dargestellt ist, wenn dieser kleiner als ein vorgegebener Schwellenwert ist. Für den linken Plot wird dieser Schwellenwert bei 5% und für den rechten Plot bei 10% festgesetzt.[229] Dies ist durch den Umstand motiviert, dass es bei betraglich kleinen Werten aufgrund der Skalierung bei einer ausschließlich grafischen Darstellung gegebenenfalls schwierig ist, die Modellvariante mit dem kleinsten Anteilswert zu identifizieren. In Analogie zu Medaillenrängen im Sport wird diese Art der Darstellung als *Podestdiagramm* (engl.: *rostrum plot*) bezeichnet.

In Abbildung 6.2 ist das Podestdiagramm für den Prognosehorizont $h = 1$ dargestellt. Die der Abbildung zugrunde liegenden Anteilswerte sind in den ersten beiden Spalten der Tabelle B.5 im Anhang zu finden. Auf den ersten Blick decken sich die Resultate im Wesentlichen mit denen aus der Auswertung der Box-Plots. Bezogen auf die Grundformen gehören das lineare Modell, das periodische Splinemodell und das natürliche kubische Splinemodell mit adaptiven Knoten bei ca. 29% bis ca. 22% der Artikel zu den zwei besten Modellvarianten. Beim naiven Modell, beim kubischen Modell und beim natürlichen kubischen Splinemodell mit äquidistanten Knoten ist dies noch bei ca. 11% bis ca. 6% der Artikel der Fall. Das kubische Regressionssplinemodell mit äquidistanten Knoten gehört bei mehr als 60% aller Artikel zu den schlechtesten zwei Modellvarianten. Auch das kubische Regressionssplinemodell mit adaptiven Knoten und das P-Spline-Modell gehören, gemessen an diesem Kriterium, mit zu den schlechtesten Modellva-

[228]Zu Punktplots vgl. Everitt (2006), S. 131.

[229]Die Schwellenwerte werden an der Schriftbreite der Prozentangaben im Plot ausgerichtet und hängen damit von der Spannbreite der Anteilswerte ab. Je größer die Spannbreite, desto höher ist demnach der Schwellenwert. Auf eine automatische Berechnung des Schwellenwertes wird hier verzichtet.

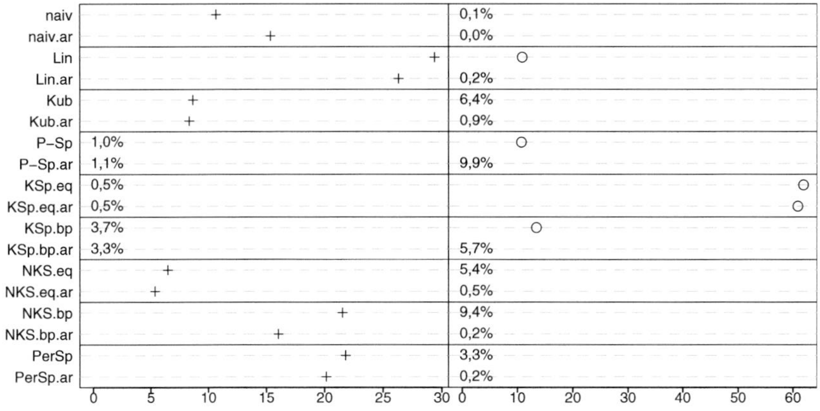

Abbildung 6.2: Podestdiagramm für Prognosehorizont $h = 1$

rianten. Ein Unterschied zu den Box-Plots ergibt sich im Hinblick auf das kubische Modell und das natürliche kubische Splinemodell mit äquidistanten Knoten. Gemessen am Podestdiagramm hat das kubische Modell etwas günstigere Prognoseeigenschaften, gemessen am Median der MAPEs ist dies umgekehrt.

Darüber hinaus sind Details erkennbar, die bei einer ausschließlichen Betrachtung der Box-Plots nicht auffallen. Zum einen ist bemerkenswert, dass das rein lineare Modell in ca. 29% der Fälle zu den zwei besten, gleichzeitig aber auch in ca. 11% der Fälle zu den zwei schlechtesten Modellvarianten gehört. Beim natürlichen kubischen Splinemodell mit adaptiven Knoten ist dies mit Werten von ca. 22% und ca. 9% ähnlich, allerdings nicht so ausgeprägt. Dies ist ein deutlicher Hinweis auf die heterogene Natur der Zeitreihen. Für die Praxis folgt daraus, dass bei der Entwicklung einer automatisierten Prognosestrategie immer mehrere Modelle in Betracht zu ziehen sind und für jede einzelne Zeitreihe das am besten geeignete Modell zu identifizieren ist. Ein weiterer bemerkenswerter Aspekt zeigt sich beim Vergleich der Varianten der Modelle. Gemessen am Median der MAPEs führt die zusätzliche Modellierung der Restkomponente bei dem linearen Modell, dem periodischen Splinemodell und dem natürlichen kubischen Splinemodell mit adaptiven Knoten zu einer Verbesserung der Prognosegüte. Dies führt zunächst zu dem Schluss, dass die Modellierung der Restkomponente bei diesen Modellen stets vorteilhaft ist. Im Podestdiagramm zeigt sich hingegen, dass diese Modelle ohne zusätzlich modellierte Restkomponente häufiger zu den besten zwei Modellvarianten gehören. Dies gilt grundsätzlich und tendenziell auch für die übrigen Modelle.[230] Demnach muss bei der Entwicklung einer Prog-

[230]Einzige Ausnahme ist hier das naive Prognoseverfahren. Dies ist möglicherweise darauf zurückzuführen, dass

nosestrategie für jede einzelne Zeitreihe nicht nur ein geeignetes Modell identifiziert werden, sondern darüber hinaus muss auch für jeden Einzelfall geprüft werden, ob die Modellierung und Prognose der Restkomponente vorteilhaft ist.

Beim dritten Diagrammtyp handelt es sich um eine farblich kodierte *Kreuztabelle*.[231] Die Kreuztabelle ist ein klassisches deskriptives Verfahren, das den direkten Vergleich von jeweils zwei interessierenden Modellvarianten ermöglicht. Für den Prognosehorizont $h = 1$ ist das Diagramm in Abbildung 6.3 dargestellt. Die Einträge in der Tabelle sind gerundete Prozentwerte. Jeder Eintrag gibt an, in wieviel Prozent der Fälle die in der Zeile genannte Modellvariante, gemessen am MAPE, der in der Spalte genannten Modellvariante überlegen ist. Die 42% in Zeile 1 und Spalte 3 bedeuten beispielsweise, dass die Grundform des naiven Prognosemodells bei 42% der Artikel einen besseren MAPE aufweist als die Grundform des linearen Modells. Im Umkehrschluss bedeutet dies, dass die Grundform des linearen Modells in 58% der Fälle der Grundform des naiven Prognosemodells überlegen ist, was dem Eintrag in Zeile 3 und Spalte 1 entspricht. Bei 18 zu vergleichenden Modellvarianten enthält die Tabelle 306 Einträge. Eine solche Kreuztabelle ist aufgrund der Vielzahl der Einträge vergleichsweise unübersichtlich. Um die Identifikation von tendenziell über- oder unterlegenen Modellvarianten zu erleichtern, wird jeder Eintrag der Tabelle mit einem gefärbten Kreis unterlegt. Bei einem Wert von 50% ist keine der beiden Modellvarianten überlegen, der Kreis ist in diesem Fall weiß. Je überlegener die in der Zeile genannte Modellvariante im direkten Vergleich ist, desto näher liegt der Eintrag bei 100%. Farblich wird dies durch einen zunehmend intensiven Rotton kodiert. Umgekehrt ist die in der Zeile genannte Modellvariante im direkten Vergleich umso schlechter, je näher der Wert bei 0% liegt, was durch einen zunehmend intensiven Blauton dargestellt wird. Diese Darstellungsart wird als *Farbtonmatrix-Diagramm* (engl.: *hue matrix plot*) bezeichnet. Mit Hilfe der farblichen Kodierung kann sehr einfach eine tendenziell überlegene Modellvariante identifiziert werden: Je intensiver die Rotfärbung einer Zeile oder die Blaufärbung einer Spalte ist, desto besser ist die entsprechende in der Zeile bzw. Spalte genannte Modellvariante im direkten Vergleich.

Beim paarweisen Vergleich bestätigen sich die bislang erhaltenen Resultate. Das lineare Modell, das natürliche kubische Splinemodell mit adaptiven Knoten und das periodische Splinemodell sind tendenziell allen anderen Modellen überlegen. Das kubische Regressionssplinemodell mit äquidistanten Knoten und das P-Spline-Modell sind hingegen allen anderen Modellen im direkten Vergleich deutlich unterlegen.

in den Prognosen des naiven Modells keinerlei Informationen über den Verlauf von Trend- oder Saisonfiguren enthalten sind, welche dann teilweise durch das AR-Modell aufgefangen werden.

[231] Vgl. Toutenbourg/Heumann (2008), S. 292 ff.

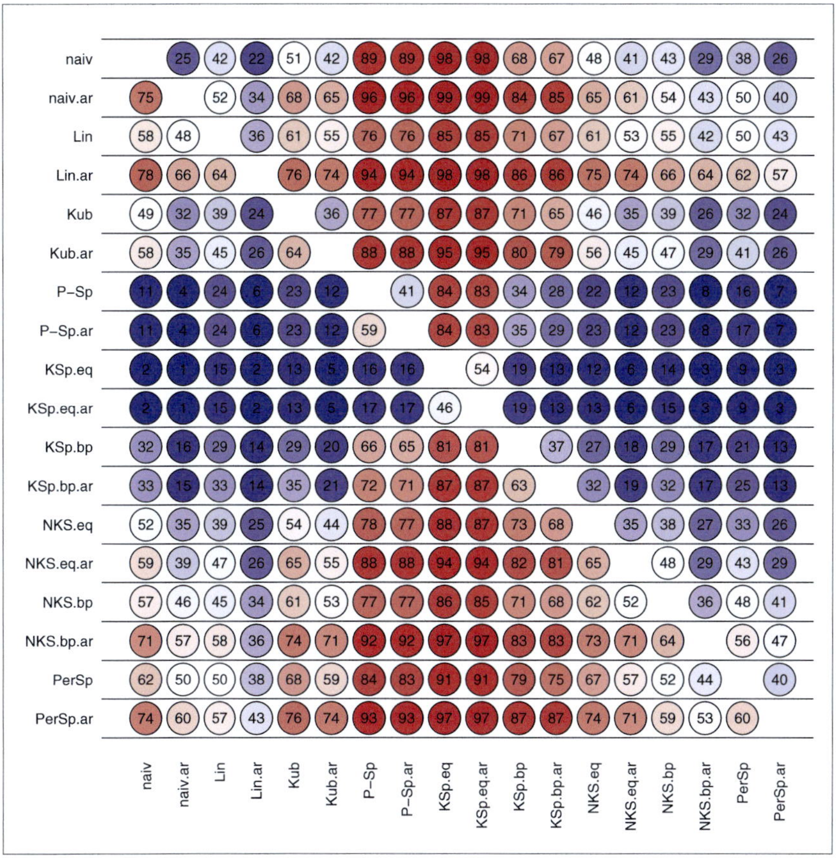

Abbildung 6.3: Farbtonmatrix-Diagramm für Prognosehorizont $h = 1$

Durch die adaptive Knotenwahl ist die Grundform des kubischen Regressionssplinemodells bei 81% aller Zeitreihen der Grundform des kubischen Regressionssplinemodells mit äquidistanten Knoten überlegen, bei der Variante mit zusätzlich modellierter Restkomponente ist dies bei 87% der Artikel der Fall. Beim natürlichen kubischen Splinemodell führt die adaptive Knotenwahl im Vergleich zur äquidistanten Knotenwahl bei der Grundform zu einer Überlegenheit von 62% und bei der Variante mit zusätzlich modellierter Restkomponente von 71%. Die adaptive Knotenwahl führt damit auch im direkten Vergleich zu einer Verbesserung der Prognosegüte.

Die zusätzliche Modellierung der Restkomponente führt im direkten Vergleich, abgesehen vom kubischen Regressionssplinemodell mit äquidistanten Knoten, bei allen Modellen zu einer Verbesserung der Prognoseleistung. Beim naiven Modell ist dadurch in 75% der Fälle die Prognoseleistung besser als in der Grundform, bei den anderen Modellen liegen die Werte zwischen 59% und 65%. Möglicherweise ist das kubische Regressionssplinemodell so adaptiv, dass bei einigen Artikeln auch kurzfristige Strukturen, die durch serielle Korrelationen in der Restkomponente verursacht werden, mit durch das Regressionssplinemodell beschrieben werden.

Insgesamt betrachtet ist das lineare Modell mit zusätzlich modellierter Restkomponente im direkten Vergleich allen anderen Modellvarianten tendenziell überlegen. Dabei fällt der Vorsprung gegenüber dem naiven Prognosemodell mit zusätzlich modellierter Restkomponente sowie beiden Varianten des natürlichen kubischen Splinemodells mit adaptiven Knoten und des periodischen Splinemodells mit 57% bis 66% moderat aus. Dies bestätigt den bereits gewonnenen Eindruck über die heterogene Natur der Zeitreihen, welche die Verwendung einer Prognosestrategie mit wechselnden Modellen nahe legt.

6.2 Auswertung für Zwei-Schritt-Prognosen

In Abbildung 6.4 sind die Box-Plots der MAPEs für den Prognosehorizont $h = 2$ dargestellt, die zugrunde liegenden Statistiken sind in Tabelle B.3 im Anhang zu finden. Da bei diesem Prognosehorizont Modellvarianten mit Dämpfung genutzt werden, sind in diesem Abschnitt insgesamt 34 Modellvarianten hinsichtlich ihrer Prognoseeigenschaften miteinander zu vergleichen. Wie beim Prognosehorizont $h = 1$ treten in den MAPEs nur Ausreißer nach oben auf, deren Anteil ist bei allen Modellvarianten ähnlich und liegt zwischen 6,1% und 7,5%. Darüber hinaus sind die Unterschiede zwischen den Medianen der verschiedenen Modellvarianten hier ausgeprägter.

Bezogen auf die Grundformen ergibt sich im Vergleich zum Prognosehorizont $h = 1$ ein ähnliches Bild. Je geringer die Prognosevarianzen eines Modells sind, desto besser ist tendenziell die Prognoseleistung. Gemessen am Median der MAPEs ist das periodische Splinemodell mit einem Wert von 51,4% das beste Modell, gefolgt vom linearen Modell (51,9%) und dem natürlichen kubischen Splinemodell mit adaptiven Knoten (54,4%). Das naive Modell (57,0%), das kubische Modell (59,8%) und das natürliche kubische Splinemodell mit äquidistanten Knoten (57,5%) bilden nun das Mittelfeld. Das kubische Regressionssplinemodell mit äquidistanten Knoten (88,6%) und das P-Spline-Modell (77,8%) haben mit Abstand die schlechtesten Progno-

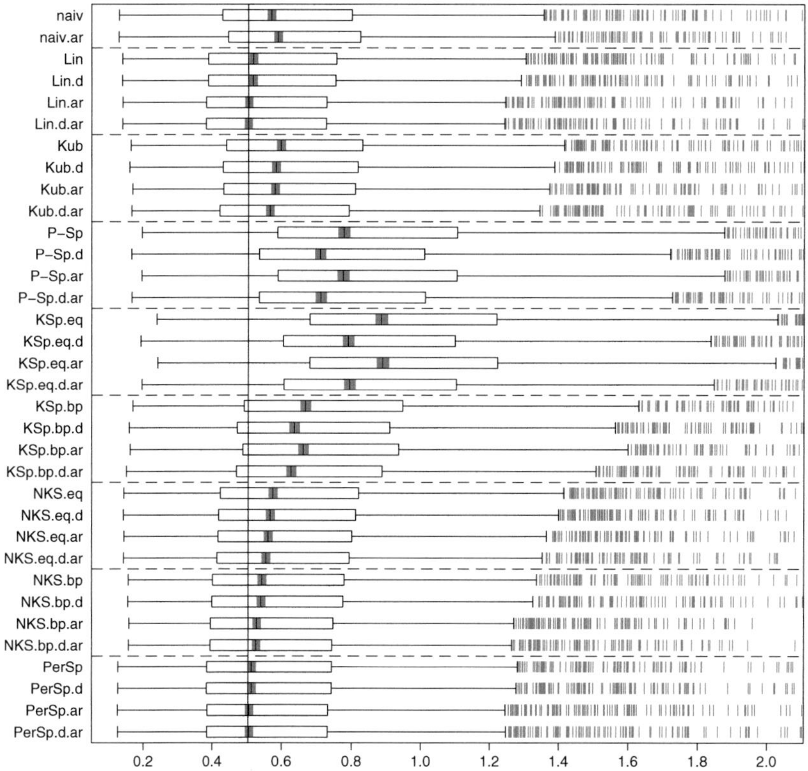

Abbildung 6.4: Box-Plots für Prognosehorizont $h=2$

seeigenschaften. Das kubische Regressionssplinemodell mit adaptiven Knoten (66,8%) ist zwar besser als das mit äquidistanten Knoten und das P-Spline-Modell, aber immer noch deutlich schlechter als alle anderen Modellvarianten.

Die zusätzliche Modellierung der Restkomponente führt beim naiven Modell und beim kubischen Regressionssplinemodell mit äquidistanten Knoten zu einer Verschlechterung der mittleren Prognosegüte. Bei allen anderen Modellen fällt im Vergleich zum Prognosehorizont $h = 1$ der positive Effekt dieser Variante erwartungsgemäß geringer aus.[232] Mit einer Reduzierung des mittleren MAPEs um 1,5% auf 52,9% ist beim natürlichen kubischen Splinemodell mit adaptiven Knoten die Verbesserung noch am deutlichsten. Beim linearen Modell bzw. beim pe-

[232]Vgl. Abschnitt 5.3.3.

riodischen Splinemodell reduziert sich der Median der MAPEs nur noch um 1,3% auf 50,6% bzw. um 0,7% auf 50,7%.

Die Dämpfung von Effekten, bei denen die Prognosefunktion mit steigendem Prognosehorizont unbegrenzt wächst, führt bei den Modellen mit großen Prognosevarianzen zu einer deutlichen Verbesserung der mittleren Prognosegüte. Je größer die Prognosevarianzen der Modelle sind, desto stärker ist dabei der positive Effekt der Dämpfung. So sinkt beim kubischen Regressionssplinemodell mit äquidistanten Knoten der Median um 9,6% auf 79,0% und beim P-Spline-Modell um 6,8% auf 71,0%, die Prognosegüte ist aber trotz der Dämpfung immer noch deutlich schlechter als bei allen anderen Modellen. Die Verbesserung beim kubischen Regressionssplinemodell mit adaptiven Knoten fällt mit 3,1% schon geringer aus. Beim kubischen Modell und natürlichen kubischen Splinemodell mit äquidistanten Knoten ist die Verbesserung der mittleren Prognosegüte mit 1,4% bzw. 0,7% nur noch minimal. Beim linearen Modell, beim natürlichen kubischen Splinemodell mit adaptiven Knoten und beim periodischen Splinemodell entfaltet die Dämpfung dagegen kaum noch Wirkung. Insgesamt hat das lineare Modell mit zusätzlich modellierter Restkomponente, sowohl gedämpft (50,5%) als auch ungedämpft (50,6%), die besten Prognoseeigenschaften, gefolgt vom gedämpften und ungedämpften periodischen Splinemodell mit zusätzlich modellierter Restkomponente (je 50,7%).

In Abbildung 6.5 ist das Podestdiagramm für den Prognosehorizont $h = 2$ dargestellt. Da es bei diesem Prognosehorizont 34 zu vergleichende Modellvarianten gibt, wird für die Erstellung des Podestdiagramms nun gezählt, wie oft die einzelnen Modellvarianten zu den besten bzw. schlechtesten drei Modellvarianten gehören. In den Spalten drei und vier der Tabelle B.5 im Anhang sind die der Abbildung zugrunde liegenden Anteilswerte angegeben.

Bezogen auf die Grundformen und die Varianten mit zusätzlich modellierter Restkomponente ist das Bild mit dem von Prognosehorizont $h = 1$ vergleichbar. Das lineare Modell, das periodische Splinemodell und das natürliche kubische Splinemodell mit adaptiven Knoten gehören häufig mit zu den besten drei Modellvarianten, wobei dies bei den Grundformen öfter der Fall ist als bei den Varianten mit zusätzlich modellierter Restkomponente. Dann folgen das naive Modell und das kubische Modell, wobei im Vergleich zum Prognosehorizont $h = 1$ nun auch die Grundform des naiven Modells häufiger zu den besten drei Modellvarianten gehört als die Variante mit zusätzlich modellierter Restkomponente. Alle Varianten des kubischen Regressionssplinemodells mit äquidistanten Knoten und die ungedämpften Varianten des P-Spline-Modells gehören mit Anteilen zwischen 13% und 81% am häufigsten zu den schlechtesten drei Prognoseverfahren. Gleichzeitig gehören alle Varianten beider Modelle am seltensten zu den besten drei Modellvarianten.

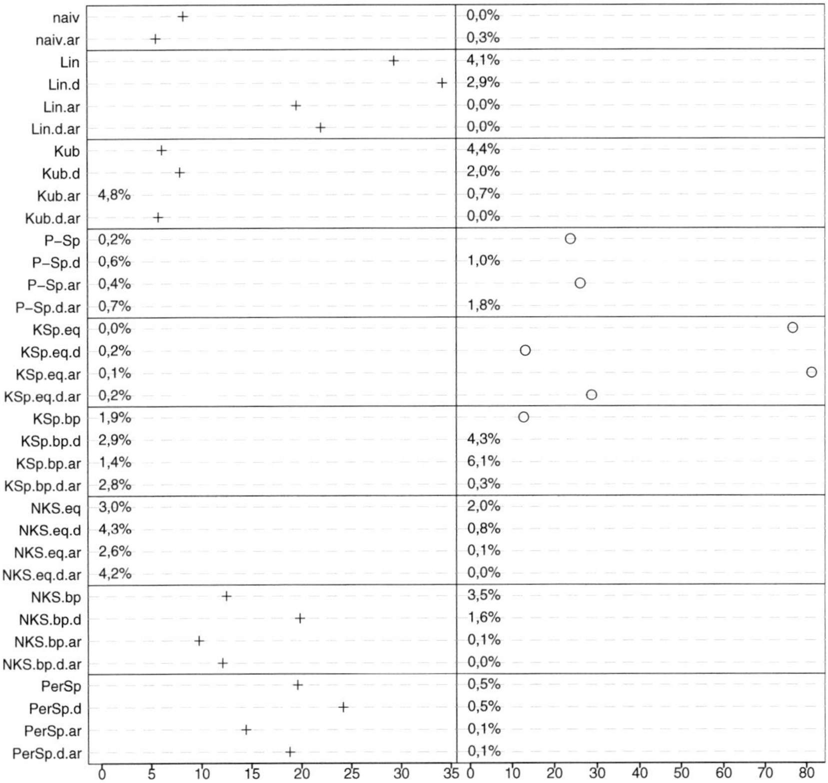

Abbildung 6.5: Podestdiagramm für Prognosehorizont $h=2$

Die gedämpften Modellvarianten gehören ausnahmslos häufiger zu den besten drei Modellen als die entsprechenden ungedämpften Varianten. Dies gilt also auch für die Modelle mit vergleichsweise kleinen Prognosevarianzen. So gehört das gedämpfte lineare Modell in 34% aller Fälle zu den besten drei Modellen, das ungedämpfte hingegen nur in 29% aller Fälle. Am deutlichsten ist der Unterschied beim natürlichen kubischen Splinemodell mit adaptiven Knoten, bei dem die Dämpfung zu einer Steigerung von 13% auf 20% führt, auch beim periodischen Splinemodell steigt der Wert von 20% auf 24%. Insgesamt folgt daraus, dass sich für einzelne Zeitreihen die Dämpfung bereits bei diesem vergleichsweise kurzen Prognosehorizont, unabhängig vom verwendeten Modell, lohnen kann. Dies ist für jede einzelne Zeitreihe zu prüfen.

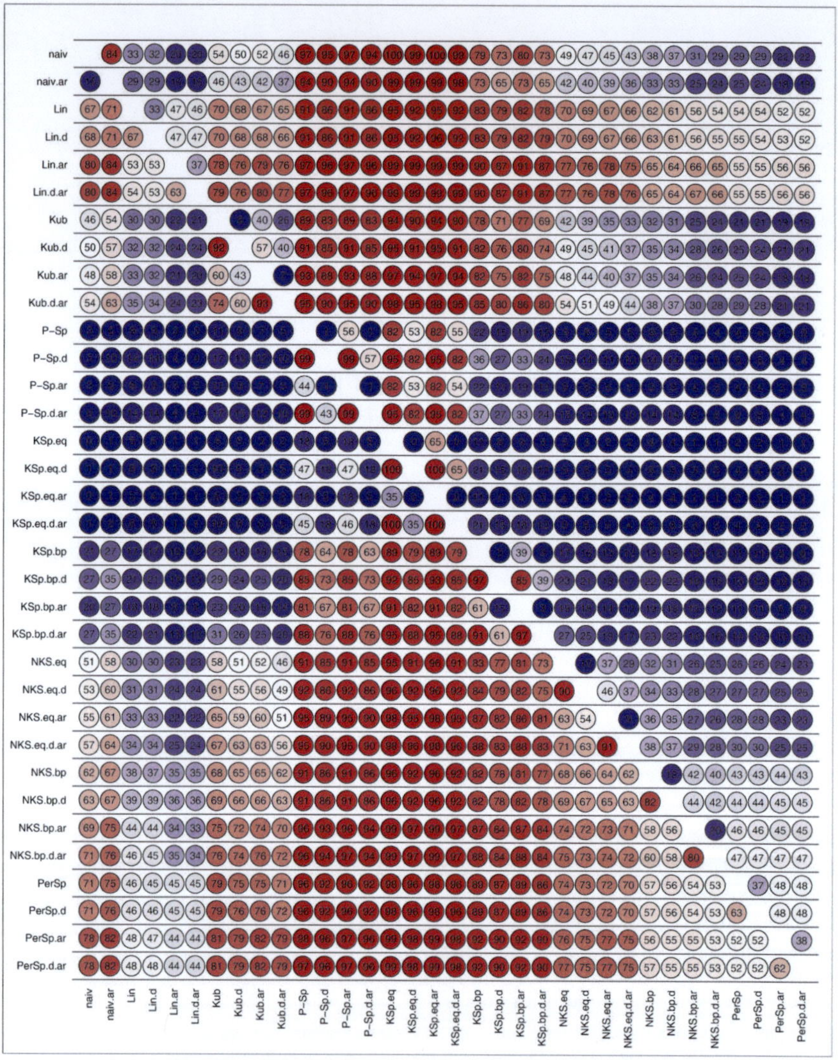

Abbildung 6.6: Farbtonmatrix-Diagramm für Prognosehorizont $h = 2$

In Abbildung 6.6 ist das Farbtonmatrix-Diagramm für den Prognosehorizont $h = 2$ dargestellt. Bei 34 zu vergleichenden Modellvarianten enthält das Diagramm 1122 Felder. Im Hinblick auf die Dämpfung hat sich bei der Auswertung des Box- und Podestdiagramms gezeigt, dass diese zu einer teilweise deutlichen Verbesserung der Prognoseleistung führt. Dieses Ergebnis wird hier bestätigt, im direkten Vergleich sind die gedämpften Varianten ihren ungedämpften Gegenstücken immer überlegen. Je größer dabei die Prognosevarianzen des jeweiligen Modells sind, desto ausgeprägter ist die Überlegenheit der gedämpften Variante. Beim kubischen Regressionssplinemodell mit äquidistanten Knoten sind die gedämpften Varianten in 100% der Fälle den ungedämpften Varianten überlegen. Beim periodischen Splinemodell mit zusätzlich modellierter Restkomponente führt die zusätzliche Dämpfung immer noch bei 62% aller Artikel zu einer besseren Prognoseleistung.

Die zusätzliche Modellierung der Restkomponente führt beim linearen Modell und beim periodischen Splinemodell im direkten Vergleich zu keiner Verbesserung der Prognosegüte. Beim kubischen Trendmodell, beim kubischen Regressionssplinemodell mit adaptiven Knoten und bei beiden natürlichen kubischen Splinemodellen ist die Überlegenheit mit 58% bis 63% nur gering. Beim naiven Modell, beim P-Spline-Modell und beim kubischen Regressionssplinemodell mit äquidistanten Knoten wird die Prognosegüte durch die zusätzliche Modellierung der Restkomponente sogar verschlechtert, diese Varianten sind nur in 16% bis 44% der Fälle besser als die Varianten ohne zusätzlich modellierte Restkomponente. Die Verschlechterung ist bei den Splinemodellen vermutlich darauf zurückzuführen, dass kurzfristige serielle Strukturen in der Restkomponente mit durch die Splinemodelle beschrieben werden. Die adaptive Knotenwahl führt gegenüber der äquidistanten Knotenwahl bei jeder Variante des kubischen Regressionssplinemodells im direkten Vergleich bei 85% bis 91% der Artikel zu einer besseren Prognosegüte. Beim natürlichen kubischen Splinemodell ist die adaptive Knotenwahl gegenüber der äquidistanten Knotenwahl bei gegebener Variante für 67% bis 73% der Artikel vorteilhaft.

Insgesamt betrachtet sind im direkten Vergleich alle Varianten des linearen Modells allen anderen Modellvarianten tendenziell überlegen. Der Vorsprung zu allen Varianten des periodischen Splinemodells ist dabei mit 52% bis 56% im Ganzen nur minimal und zu allen Varianten des natürlichen kubischen Splinemodells mit adaptiven Knoten mit 54% bis 67% insgesamt moderat. Innerhalb der linearen Modelle ist im direkten Vergleich die gedämpfte Variante mit zusätzlich modellierter Restkomponente tendenziell am besten. Alle Varianten des P-Spline-Modells, des kubischen Regressionssplinemodells mit äquidistanten Knoten und des kubischen Regressionssplinemodells mit adaptiven Knoten sind im direkten Vergleich allen anderen Modellvarianten deutlich unterlegen.

6.3 Auswertung für Sechs-Schritt-Prognosen

In Abbildung 6.7 sind die Box-Plots der MAPEs für den Prognosehorizont $h = 6$ dargestellt, die zugrunde liegenden Statistiken sind in Tabelle B.4 im Anhang enthalten. Wie im vorigen Abschnitt sind insgesamt 34 Modellvarianten miteinander zu vergleichen. Im Vergleich zum Prognosehorizont $h = 2$ sind die Unterschiede in den Medianen hier deutlich ausgeprägter. Bei einigen Modellvarianten ist die Streuung der Mediane so groß, dass die entsprechenden Boxen nicht mehr vollständig dargestellt sind. Wie bei den Prognosehorizonten $h=1$ und $h=2$ gibt es in den Medianen nur Ausreißer nach oben, die Anteile der Ausreißer liegen bei allen Modellvarianten mit Werten zwischen 7,0% und 8,6% etwas über denen der anderen beiden Prognosehorizonte. Dies lässt darauf schließen, dass mit zunehmendem Prognosehorizont eine steigende Anzahl von Zeitreihen kaum noch vorhergesagt werden kann.

Bezogen auf das Gesamtbild stimmen die Ergebnisse im Wesentlichen mit denen des Prognosehorizontes $h = 2$ überein. Die Prognoseleistung eines Modells ist umso besser, je kleiner dessen Prognosevarianzen sind. Bezogen auf die Grundformen weisen das periodische Splinemodell (55,0%) und das lineare Modell (55,5%) wieder die günstigsten Prognoseeigenschaften auf, gefolgt vom natürlichen kubischen Splinemodell mit adaptiven Knoten (62,8%). Deutlich schlechter ist die Prognosegüte beim naiven Modell (66,4%) und dem natürlichen kubischen Splinemodell mit äquidistanten Knoten (71,1%). Für alle anderen Modelle ist die Prognosegüte mit mittleren MAPEs jenseits von 80% völlig unzureichend.

Die zusätzliche Modellierung der Restkomponente führt bei diesem Prognosehorizont in keinem Fall mehr zu einer Verbesserung der mittleren Prognosegüte. Beim naiven Modell, beim linearen Modell, beim natürlichen kubischen Splinemodell mit adaptiven Knoten und beim periodischen Splinemodell führt dies sogar zu einer leichten Verschlechterung. Dies ist überraschend, da bei einem Prognosehorizont von $h=6$ für die Prognose eines AR(2)-Modells eigentlich zu erwarten ist, dass diese keinen nennenswerten Einfluss mehr auf die gesamte Prognose hat und demzufolge auch nicht zu einer Verschlechterung der mittleren Prognosegüte führt. Demnach sollte auch bei diesem Prognosehorizont für jede Zeitreihe geprüft werden, ob die zusätzliche Modellierung der Restkomponente sinnvoll ist. Die Dämpfung hat grundsätzlich eine positive Wirkung auf die mittlere Prognosegüte. Der positive Effekt ist umso stärker, je größer die Prognosevarianzen der jeweiligen Modelle sind. Im Mittel hat das gedämpfte periodische Splinemodell mit einem Median der MAPEs von 54,7% die günstigsten Prognoseeigenschaften, dicht gefolgt vom gedämpften linearen Modell (54,9%).

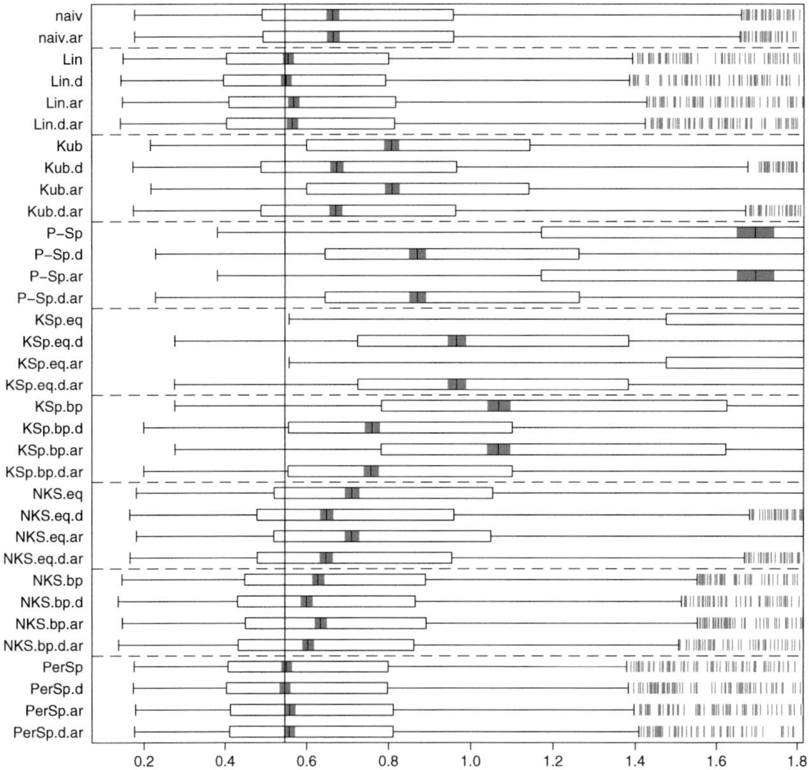

Abbildung 6.7: Box-Plots für Prognosehorizont $h=6$

In Abbildung 6.8 ist das Podestdiagramm für den Prognosehorizont $h = 6$ dargestellt. Auch bei diesem Prognosehorizont wird gezählt, wie oft die einzelnen Modellvarianten zu den besten bzw. schlechtesten drei Modellvarianten gehören. Die der Abbildung zugrunde liegenden Anteilswerte sind in den Spalten fünf und sechs von Tabelle B.5 im Anhang zu finden.

Das lineare Modell, das periodische Splinemodell und das natürliche kubische Splinemodell mit adaptiven Knoten gehören auch bei diesem Prognosehorizont am häufigsten zu den drei besten Modellvarianten. Gemessen an diesem Kriterium führt, wie beim Prognosehorizont $h = 2$, die Dämpfung bei jedem Modell zu einer Verbesserung der Prognoseleistung, auch bei Modellen mit vergleichsweise kleinen Prognosevarianzen. Beim linearen Modell steigt der Anteil von 36% auf 40%, beim periodischen Splinemodell von 28% auf 32% und beim natürlichen

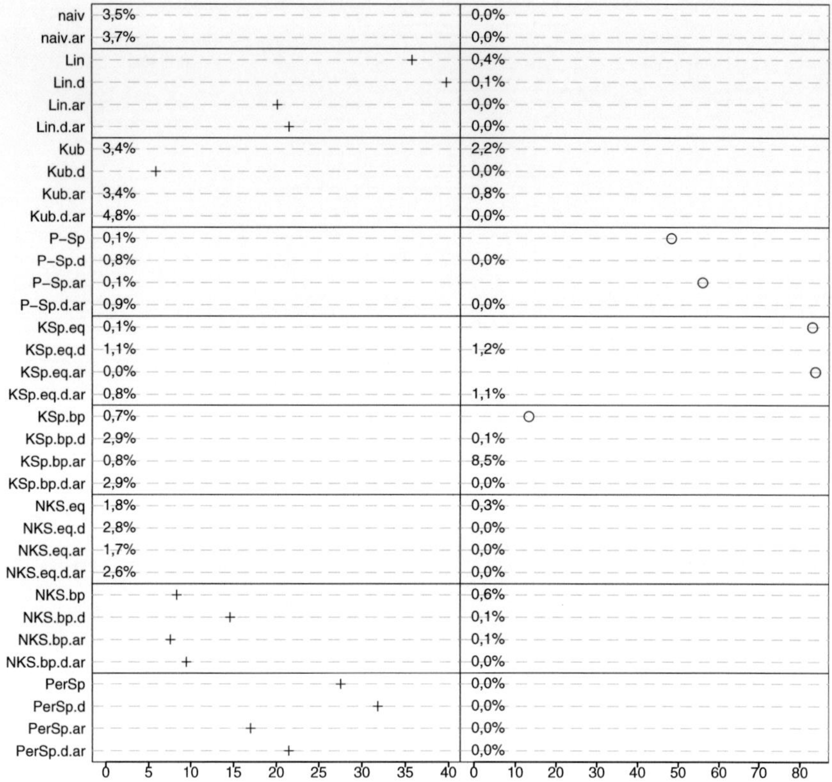

Abbildung 6.8: Podestdiagramm für Prognosehorizont $h=6$

kubischen Splinemodell mit adaptiven Knoten von 8% auf 15%. Die ungedämpften Varianten des P-Spline-Modells und des kubischen Regressionssplinemodells mit äquidistanten Knoten gehören mit Abstand am häufigsten zu den schlechtesten drei Modellen. Wie bereits beim Prognosehorizont $h = 2$ gehören die Modellvarianten mit zusätzlich modellierter Restkomponente seltener zu den besten drei Modellen. Im Gegensatz zu den Prognosehorizonten $h = 1$ und $h = 2$ werden in dieser Hinsicht die Ergebnisse der Auswertung der Box-Plots also bestätigt.

In Abbildung 6.9 ist das Farbtonmatrix-Diagramm für den Prognosehorizont $h = 6$ dargestellt. Die Ergebnisse der Auswertung des Box-Plots und des Podestdiagramms werden insgesamt bestätigt. Im direkten Vergleich führt die Dämpfung immer zu einer Verbesserung der Progno-

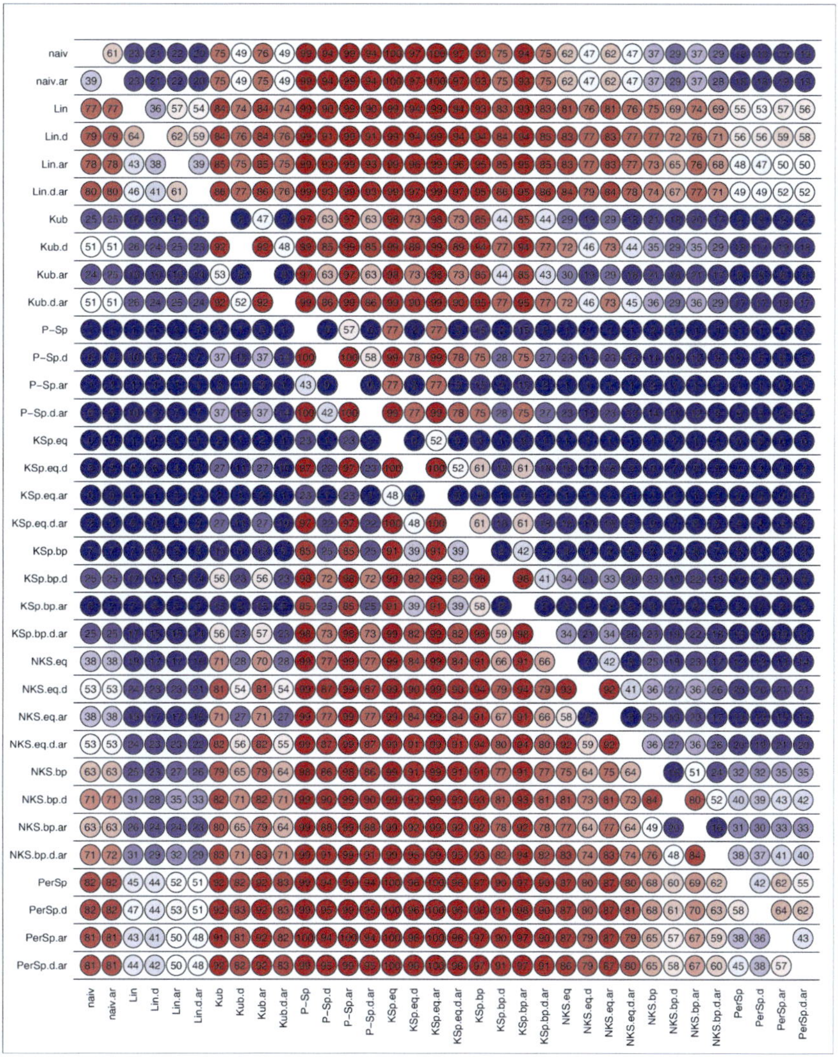

Abbildung 6.9: Farbtonmatrix-Diagramm für Prognosehorizont $h = 6$

seleistung, die Stärke des positiven Effektes hängt wiederum von den Prognosevarianzen der verwendeten Modelle ab. Beim P-Spline-Modell und bei den kubischen Regressionssplinemodellen ist dies bei 98% bis 100% der Artikel der Fall. Beim globalen kubischen Trendmodell sind die gedämpften Varianten in 92% der Fälle den jeweiligen ungedämpften Varianten überlegen, bei den gedämpften Varianten der natürlichen kubischen Splinemodelle liegen die Werte zwischen 84% bis 93%. Für das lineare Trendmodell und das periodische Splinemodell ist der Effekt am schwächsten, hier sind die gedämpften Varianten den jeweils ungedämpften Varianten noch bei 57% bis 64% der Artikel im direkten Vergleich überlegen.

Die adaptive Knotenwahl führt gegenüber der äquidistanten Knotenwahl bei allen Varianten des natürlichen kubischen Splinemodells im direkten Vergleich bei 73% bis 77% der Artikel zu einer besseren Prognosegüte. Beim kubischen Regressionssplinemodell ist die adaptive Knotenwahl gegenüber der äquidistanten Knotenwahl bei gegebener Modellvariante für 82% bis 91% der Artikel vorteilhaft.

Die zusätzliche Modellierung der Restkomponente führt im direkten Vergleich beim naiven Modell, beim linearen Modell, beim P-Spline-Modell und beim periodischen Splinemodell zu einer Verschlechterung der Prognoseleistung, die jeweiligen Varianten ohne zusätzlich modellierte Restkomponente sind in 57% bis 62% der Fälle im direkten Vergleich überlegen. Beim kubischen Modell, beim kubischen Regressionssplinemodell mit äquidistanten Knoten und natürlichen kubischen Splinemodell mit adaptiven Knoten hat die zusätzliche Modellierung der Restkomponente keinen Effekt. Für das kubische Regressionssplinemodell mit adaptiven Knoten und das natürliche kubische Splinemodell mit äquidistanten Knoten sind die Varianten mit zusätzlich modellierter Restkomponente bei 58% bis 59% der Artikel überlegen. Hinsichtlich der zusätzlichen Modellierung der Restkomponente ergibt sich also insgesamt ein vergleichsweise heterogenes Bild.

Das Gesamtbild entspricht im Wesentlichen dem von Prognosehorizont $h = 2$. Je geringer die Prognosevarianzen der entsprechenden Modellvarianten sind, desto besser ist das Prognoseergebnis. So sind alle Varianten des linearen Modells allen anderen Modellen überlegen, insgesamt ist die gedämpfte Variante des linearen Modells ohne zusätzlich modellierte Restkomponente tendenziell die beste Modellvariante. Bei diesem Prognosehorizont ist des Weiteren das periodische Splinemodell dem natürlichen kubischen Splinemodell mit adaptiven Knoten im direkten Vergleich bei gegebenen Varianten mit Werten zwischen 60% und 68% deutlicher überlegen. Das globale kubische Trendmodell, das P-Spline-Modell und die beiden kubischen Regressionssplinemodelle sind im direkten Vergleich allen anderen Modellen insgesamt klar unterlegen.

6.4 Zusammenfassung

Unabhängig vom Prognosehorizont hat sich gezeigt, dass für die Modellierung und Prognose der Trend- und Saisonfigur keines der betrachteten Modelle allen anderen stets überlegen ist. Dies ist darauf zurückzuführen, dass die Strukturen der den Zeitreihen zugrunde liegenden DGP zu verschieden sind. Für die Praxis folgt daraus, dass bei der Entwicklung eines automatischen Prognosesystems für Massendaten eine *Modellwechselstrategie* (engl.: *model switching*) verfolgt werden muss, bei der für jede einzelne Zeitreihe das am besten geeignete Modell aus einer Gruppe von in Frage kommenden Modellen ausgewählt wird. Die Ausreißer in den MAPEs deuten darauf hin, dass ein bestimmter Anteil der Zeitreihen kaum zu prognostizieren ist. Die Klärung der möglichen Ursachen hierfür ist jedoch nicht Gegenstand der Untersuchung.

Von den in der Untersuchung verwendeten Modellen haben die beiden Modelle mit den höchsten Prognosevarianzen, das P-Spline-Modell und das kubische Regressionssplinemodell, mit Abstand die ungünstigsten Prognoseeigenschaften. Die weitgehende Wirkungslosigkeit der zusätzlichen Modellierung der Restkomponente bei diesen Modellen spricht dafür, dass diese Modelle die durch serielle Korrelationen in der Restkomponente verursachten Strukturen mit beschreiben. Für das P-Spline-Modell folgt daraus, dass die Verwendung der generalisierten Kreuzvalidierung zur Bestimmung des Glättungsparameters nicht geeignet ist.[233] Der Verlauf der Prognosevarianzen des P-Spline-Modells ist allerdings so ungünstig, dass auch bei einer konsistenten Bestimmung des Glättungsparameters keine wesentlichen Verbesserungen bezüglich der Prognosegüte zu erwarten sind. Zwar führen die adaptive Knotenwahl beim kubischen Regressionssplinemodell und die Dämpfung der Prognose bei beiden Modellen zu einer Verbesserung der Prognosegüte, dennoch ist diese deutlich schlechter als bei allen anderen verwendeten Modellen. Insgesamt sind daher sowohl das P-Spline-Modell als auch das kubische Regressionssplinemodell für die hier betrachtete Anwendung ungeeignet.

Die Modelle mit vergleichsweise niedrigen Prognosevarianzen, das lineare Modell, das natürliche kubische Splinemodell und das periodische Splinemodell, liefern bei allen betrachteten Prognosehorizonten die besten Resultate. Beim natürlichen kubischen Splinemodell führt dabei die adaptive Knotenwahl zu einer deutlichen Verbesserung der Prognosequalität, die Dämpfung kann bei allen drei Modellen zu einer Verbesserung der Prognosegüte beitragen. Je größer der Prognosehorizont und je größer die Prognosevarianzen der Modelle sind, desto stärker ist dabei der positive Effekt der Dämpfung.

[233] Vgl. Abschnitt 4.3.2.

Das naive Modell und die gedämpfte Variante des globalen kubischen Modells sind insgesamt betrachtet besser als das P-Spline-Modell und das kubische Regressionssplinemodell, jedoch schlechter als die drei anderen Modelle. Die ungedämpfte Variante des globalen kubischen Modells ist hingegen vor allem bei größeren Prognosehorizonten für diese Anwendung ungeeignet. Der Einsatz des naiven Modells und der gedämpften Variante des globalen kubischen Modells kann in Einzelfällen jedoch sinnvoll sein. Das naive Modell kann insbesondere bei Strukturbrüchen, die kurz vor Ende des Anpassungszeitraums auftreten, verwendet werden, wenn im neuen Segment noch nicht genug Beobachtungen für die Anpassung eines anderen Modells vorhanden sind.

Ein interessantes Resultat ergibt sich im Hinblick auf die zusätzliche Modellierung und Prognose der Restkomponente. Vor allem bei vergleichsweise sparsamen Modellen und kurzen Prognosehorizonten kann hierdurch die Gesamtprognosegüte zum Teil deutlich verbessert werden. Bei einer größeren Teilmenge der Zeitreihen ist die Prognose der Restkomponente im Hinblick auf die Gesamtprognosequalität jedoch nicht nur wirkungslos, sondern sogar kontraproduktiv. Dies gilt für alle betrachteten Modelle und Prognosehorizonte. Daraus folgt, dass für jede einzelne Zeitreihe bei jedem Modell zu prüfen ist, ob die zusätzliche Modellierung der Restkomponente zu einer Verbesserung der Prognosegüte führt. Ist keine Verbesserung erzielbar, sollte auf die Modellierung und Prognose der Restkomponente ganz verzichtet werden.

7 Fazit und Ausblick

Die Prognose des zukünftigen Bedarfs von Konsumgüterartikeln ist für die Produktions- und Absatzplanung von Industrie- und Handelsunternehmen von zentraler Bedeutung. Unternehmen stehen hierbei vor der Herausforderung, den Bedarf für eine sehr große Anzahl von Artikeln prognostizieren zu müssen. Diese Aufgabe ist nur noch mit automatisierten Verfahren zu bewältigen. Die in diesem betriebswirtschaftlichen Kontext auftretenden Zeitreihen unterscheiden sich typischerweise im Hinblick auf die Frequenz und die Länge des Beobachtungszeitraums von klassischen makroökonomischen Zeitreihen. Aus diesem Grund und wegen der erforderlichen vollautomatischen Anwendung sind klassische ökonometrische Zeitreihenverfahren für diese Aufgabe ungeeignet.

Die Grundidee aller nichtparametrischen Verfahren und damit auch aller Splineregressionsmodelle besteht darin, dass systematische Modellstrukturen automatisch aus den beobachteten Daten geschätzt werden. Dies lässt solche Verfahren für die vollautomatische Prognose von Trend- und Saisonfiguren in Zeitreihendaten auf den ersten Blick wie geschaffen erscheinen, zumal die Verwendung nichtparametrischer Methoden im Querschnittsdatenbereich heute Routine ist. Die Prognose von Trend- und Saisonfiguren in Zeitreihendaten auf Basis der üblicherweise verwendeten Splineregressionsmodelle ist allerdings problematisch: Wird die angepasste Splinefunktion zur Erstellung der Prognose extrapoliert, werden zumeist völlig unbrauchbare Werte vorhergesagt. Dies liegt daran, dass die Prognosevarianzen der klassischen Splineregressionsmodelle bei der Extrapolation überproportional wachsen.

Zur Lösung dieses Problems wurden unter Beachtung der angestrebten vollautomatischen Anwendbarkeit auf Massendaten drei Ansätze vorgeschlagen, um die Prognosevarianzen von Splineregressionsmodellen bei der Extrapolation zu reduzieren. Der erste Ansatz ist die Umsetzung des Sparsamkeitsprinzips durch die Anwendung einer adaptiven Knotenwahlstrategie für Regressionssplinemodelle. Hierfür wurde ein neues Knotenwahlverfahren vorgeschlagen, dem ein Algorithmus zur Strukturbrucherkennung zugrunde liegt und das für die automatische Anwendung auf Zeitreihenmassendaten besonders geeignet ist. Der zweite Vorschlag beinhaltet die Nutzung spezieller und in der ökonometrischen Praxis nur selten eingesetzter Varianten von

Splineregressionsmodellen mit Randbedingungen, bei denen die Prognosevarianzen im Vergleich zu den klassischen Splineregressionsmodellen einen günstigeren Verlauf aufweisen. Der dritte Vorschlag besteht darin, in der Gesamtprognose diejenigen Effekte zu dämpfen, die für das unbegrenzte Wachstum der Prognosevarianzen verantwortlich sind.

Auf Basis empirischer Massendaten aus dem Einzelhandel wurde eine vollautomatische Modellierungs- und Prognosestrategie entworfen, um die drei Vorschläge auf ihre Wirksamkeit hin zu prüfen. Hierfür war es notwendig, vollautomatische Prozeduren zur Isolierung und Prognose von exogenen Effekten sowie zur Identifikation und Elimination von Ausreißern einzubinden. Ersteres wurde durch einen einfachen semiparametrischen Ansatz gelöst. Zum Umgang mit Ausreißern wurde ein neuer Algorithmus auf Basis eines robusten Glättungsverfahrens entwickelt. Darüber hinaus erwies sich der Vergleich der Prognoseeigenschaften von verschiedenen Prognoseverfahren im Massendatenbereich als eigenständiges Problem. Um ein differenziertes Bild über die Prognoseeigenschaften der verwendeten Modelle und Modellvarianten zu erhalten, wurden zwei neue grafische Auswertungsmethoden entworfen und ergänzend zu klassischen Auswertungsstatistiken eingesetzt.

Im Hinblick auf die Prognose von Trend- und Saisonfiguren in betriebswirtschaftlichen Massendaten erbrachte die empirische Untersuchung zwei zentrale Ergebnisse. Erstens hat sich gezeigt, dass mit Modellen und Modellvarianten, die vergleichsweise niedrige Prognosevarianzen aufweisen, grundsätzlich die besten Prognoseergebnisse erzielbar sind. Je größer der Prognosehorizont ist, umso bedeutender ist dieser Aspekt. Daher leisten alle drei im Rahmen dieser Arbeit entwickelten Vorschläge einen Beitrag zur Verbesserung der Prognosequalität. Hierbei haben sich insbesondere die Verwendung von Splinefunktionen mit Randbedingungen und die Dämpfung als äußerst vorteilhaft erwiesen, aber auch die adaptive Knotenwahl trägt zu einer Verbesserung der Prognosegüte bei. Das P-Spline-Modell hingegen, das nichtparametrische Standardwerkzeug im Querschnittsdatenbereich, ist in diesem Anwendungszusammenhang völlig ungeeignet. Zweitens ist aufgrund der vielfältigen Muster in großen Datensätzen keines der verwendeten Prognosemodelle allen anderen stets überlegen. Dies legt für solche Daten die Verwendung einer Modellwechselstrategie nahe.[234] Darüber hinaus hat sich das Verfahren zur Identifikation und Elimination von Ausreißern in der Praxis bewährt. Auch die entwickelten grafischen Auswertungsmethoden haben sich als nützlich erwiesen, da durch diese einige Sachverhalte entdeckt werden konnten, die bei einer ausschließlichen Betrachtung klassischer Auswertungsstatistiken verborgen geblieben wären. Insbesondere konnte mit Hilfe der entwickelten Podestdiagramme gezeigt werden, dass die nachgeordnete Prognose der Restkomponente nachteilig sein kann.

[234] Für eine ausführliche Diskussion der Ergebnisse der empirischen Untersuchung vgl. Abschnitt 6.4.

Die im Rahmen dieser Untersuchung entwickelte Modellierungs- und Prognosestrategie erhebt nicht den Anspruch, unmittelbar in der betriebswirtschaftlichen Praxis anwendbar zu sein und lässt in vielerlei Hinsicht Raum für zusätzliche Forschung und weitere Verbesserungen. Für einen Einsatz in der betrieblichen Praxis ist in erster Linie die Entwicklung einer Modellwechselstrategie notwendig. Des Weiteren kann die Isolierung der Kovariableneffekte verbessert werden. Denkbar ist hier eine iterative Anwendung des Isolierungsalgorithmus, die sich an der Anpassung von *additiven Modellen* orientiert.[235] Es wäre zu prüfen, ob in diesen Schritt direkt die Ausreißerbereinigung integriert werden kann. Beides könnte zu einer genaueren Schätzung der Kovariableneffekte beitragen. Bezüglich der vorgeschlagenen Dämpfung ist zu klären, ob es möglich ist, numerische Verfahren zur Bestimmung eines optimalen Dämpfungsfaktors einzusetzen. Für die Modellierung der Restkomponente wurde im Rahmen der Untersuchung nur ein einfaches Box-Jenkins-Modell verwendet. Grundsätzlich bietet sich hierfür natürlich eine vollautomatische Modellierung an, in deren Rahmen ein optimales Box-Jenkins-Modell identifiziert wird. Darüber hinaus wurde bei der Entwicklung der Modellierungs- und Prognosestrategie das praktisch relevante Problem der Strukturbrüche ausgeklammert. Da im Rahmen der adaptiven Knotenwahl ein Algorithmus zur Erkennung von Strukturbrüchen verwendet wird, könnte hieran unmittelbar eine entsprechende Modellierung angeknüpft werden. Dazu wäre es erforderlich, die Art der lokalisierten Strukturbrüche genauer zu spezifizieren, um eine geeignete Modellierung wählen zu können. Für die Beurteilung der Prognosegüte wurde mit dem MAPE ein klassisches Prognosegütemaß verwendet. Bei diesem wird unter anderem nicht berücksichtigt, dass die Über- und Unterschätzung des zukünftigen Bedarfs in der betriebswirtschaftlichen Praxis mit unterschiedlichen Kosten verbunden ist. Für die Auswahl geeigneter Modelle könnten daher Gütemaße verwendet werden, die auf asymmetrischen Kostenfunktionen beruhen. In diesem Zusammenhang sind auch die hier nicht näher betrachteten Prognoseintervalle von Interesse, deren Konstruktion auch auf Basis von nichtparametrischen Verfahren möglich ist.

[235] Vgl. Fahrmeir et al. (2007), S. 399 ff.

A Technische Details

A.1 Lineares Regressionsmodell mit linearen Restriktionen

Es wird nachgewiesen, dass die Glättungsmatrix H_r des restringierten linearen Regressionsmodells symmetrisch und idempotent ist. Die Symmetrie wird durch Transposition nachgewiesen:

$$\begin{aligned}
H_r' &= (H - X(X'X)^{-1}A'(A(X'X)^{-1}A')^{-1}A(X'X)^{-1}X')' \\
&= H' - (X(X'X)^{-1}A'(A(X'X)^{-1}A')^{-1}A(X'X)^{-1}X')' \\
&= H - X(X'X)^{-1}A'(A(X'X)^{-1}A')^{-1}A(X'X)^{-1}X' = H_r \quad .
\end{aligned}$$

Zum Nachweis der Idempotenz wird die Matrix H_r mit sich selbst multipliziert:

$$\begin{aligned}
H_rH_r = &(H - X(X'X)^{-1}A'(A(X'X)^{-1}A')^{-1}A(X'X)^{-1}X')\cdot \\
&(H - X(X'X)^{-1}A'(A(X'X)^{-1}A')^{-1}A(X'X)^{-1}X') \\
= &\underbrace{HH}_{H} - X(X'X)^{-1}A'(A(X'X)^{-1}A')^{-1}A(X'X)^{-1}\underbrace{X'H}_{X'} \\
&- \underbrace{HX}_{X}(X'X)^{-1}A'(A(X'X)^{-1}A')^{-1}A(X'X)^{-1}X' \\
&+ X(X'X)^{-1}A'(A(X'X)^{-1}A')^{-1}A(X'X)^{-1}\underbrace{X'X(X'X)^{-1}}_{I}\cdot \\
&A'(A(X'X)^{-1}A')^{-1}A(X'X)^{-1}X' \\
= &H - 2X(X'X)^{-1}A'(A(X'X)^{-1}A')^{-1}A(X'X)^{-1}X' \\
&+ X(X'X)^{-1}A'(A(X'X)^{-1}A')^{-1}\underbrace{A(X'X)^{-1}A'(A(X'X)^{-1}A')^{-1}}_{I}A(X'X)^{-1}X' \\
= &H - 2X(X'X)^{-1}A'(A(X'X)^{-1}A')^{-1}A(X'X)^{-1}X' \\
&+ X(X'X)^{-1}A'(A(X'X)^{-1}A')^{-1}A(X'X)^{-1}X' \\
= &H - X(X'X)^{-1}A'(A(X'X)^{-1}A')^{-1}A(X'X)^{-1}X' = H_r \quad .
\end{aligned}$$

A.2 Modellkomplexität und Sparsamkeitsprinzip

Es ist dargestellt, wie die erwartete quadratische Abweichung und der erwartete quadrierte Prognosefehler zerlegt werden. Die Zerlegung der erwarteten quadratischen Abweichung (MSE) ergibt:

$$
\begin{aligned}
MSE &= E\left[\left(\mu_{Y_{\tau+h}} - \hat{f}_{(\tau)}(x_{\tau+h})\right)^2\right] \\
&= E\left[\left(\underbrace{\left(\mu_{Y_{\tau+h}} - \mu_{\hat{f}_{(\tau)}(x_{\tau+h})}\right)}_{Bias} - \left(\hat{f}_{(\tau)}(x_{\tau+h}) - \mu_{\hat{f}_{(\tau)}(x_{\tau+h})}\right)\right)^2\right] \\
&= Bias^2 + \underbrace{E\left[\left(\hat{f}_{(\tau)}(x_{\tau+h}) - \mu_{\hat{f}_{(\tau)}(x_{\tau+h})}\right)^2\right]}_{V\left(\hat{f}_{(\tau)}(x_{\tau+h})\right)} \\
&\quad - 2\underbrace{E\left[Bias \cdot \left(\hat{f}_{(\tau)}(x_{\tau+h}) - \mu_{\hat{f}_{(\tau)}(x_{\tau+h})}\right)\right]}_{=0} \\
&= Bias^2 + V\left(\hat{f}_{(\tau)}(x_{\tau+h})\right) \quad .
\end{aligned}
$$

Die Zerlegung des erwarteten quadrierten Prognosefehlers (MSPE) ergibt:

$$
\begin{aligned}
MSPE &= E\left[\left(Y_{\tau+h} - \hat{f}_{(\tau)}(x_{\tau+h})\right)^2\right] \\
&= E\left[\left((Y_{\tau+h} - \mu_{Y_{\tau+h}}) + \left(\mu_{Y_{\tau+h}} - \hat{f}_{(\tau)}(x_{\tau+h})\right)\right)^2\right] \\
&= \underbrace{E\left[\left(Y_{\tau+h} - \mu_{Y_{\tau+h}}\right)^2\right]}_{V(Y_{\tau+h})=\sigma^2} + \underbrace{E\left[\left(\mu_{Y_{\tau+h}} - \hat{f}_{(\tau)}(x_{\tau+h})\right)^2\right]}_{MSE} \\
&\quad + 2\underbrace{E\left[\left(Y_{\tau+h} - \mu_{Y_{\tau+h}}\right)\left(\mu_{Y_{\tau+h}} - \hat{f}_{(\tau)}(x_{\tau+h})\right)\right]}_{=0} \\
&= \sigma^2 + MSE \\
&= \sigma^2 + Bias^2 + V\left(\hat{f}_{(\tau)}(x_{\tau+h})\right) \quad .
\end{aligned}
$$

A.3 Abgeschnittene Potenzen dritten Grades

Es wird gezeigt, das sich die Darstellung der abgeschnittenen Potenzen dritten Grades aus einem globalen polynomialen Trendmodell dritten Grades mit totalem Strukturbruch und Nebenbedingungen herleiten lässt. Die Herleitung erfolgt analog zum quadratischen Fall. Aus der Nebenbedingung (4.21) ergibt sich sofort

$$\gamma_2 = -3\gamma_3 \cdot \xi_1 \quad . \tag{A.1}$$

Das Einsetzen in die Nebenbedingung (4.20) liefert die gesuchte Darstellung von γ_1:

$$\begin{aligned} 0 &= \gamma_1 + 2\gamma_2 \cdot \xi_1 + 3\gamma_3 \cdot \xi_1^2 \\ \Leftrightarrow \quad \gamma_1 &= -2(-3\gamma_3 \cdot \xi_1) \cdot \xi_1 - 3\gamma_3 \cdot \xi_1^2 \\ \Leftrightarrow \quad \gamma_1 &= 3\gamma_3 \cdot \xi_1^2 \quad . \end{aligned} \tag{A.2}$$

Das Einsetzten von (A.1) und (A.2) in Nebenbedingung (4.19) liefert die gesuchte Darstellung von γ_0:

$$\begin{aligned} 0 &= \gamma_0 + \gamma_1 \cdot \xi_1 + \gamma_2 \cdot \xi_1^2 + \gamma_3 \cdot \xi_1^3 \\ \Leftrightarrow \quad \gamma_0 &= -(3\gamma_3 \cdot \xi_1^2) \cdot \xi_1 - (-3\gamma_3 \cdot \xi_1) \cdot \xi_1^2 - \gamma_3 \cdot \xi_1^3 \\ \Leftrightarrow \quad \gamma_0 &= -\gamma_3 \cdot \xi_1^3 \quad . \end{aligned} \tag{A.3}$$

Das Einsetzen der umgeformten Koeffizienten (A.1), (A.2) und (A.3) in das Modell (4.18) und sammeln der Terme liefert unter Verwendung der Schreibweise der abgeschnittenen Potenzen

$$\begin{aligned} f(x_i) &= \beta_0 + \beta_1 x_i + \beta_2 x_i^2 + \beta_3 x_i^3 + (-\gamma_3 \cdot \xi_1^3) d_1 + (3\gamma_3 \cdot \xi_1^2) d_1 x_i \\ &\quad + (-3\gamma_3 \cdot \xi_1) d_1 x_i^2 + \gamma_3 d_1 x_i^3 \\ &= \beta_0 + \beta_1 x_i + \beta_2 x_i^2 + \beta_3 x_i^3 + \gamma_3 d_1 (-\xi_1^3 + 3 \cdot \xi_1^2 x_i - 3 \cdot \xi_1 x_i^2 + x_i^3) \\ &= \beta_0 + \beta_1 x_i + \beta_2 x_i^2 + \beta_3 x_i^3 + \gamma_3 d_1 (x_i - \xi_1)^3 \\ &= \beta_0 + \beta_1 x_i + \beta_2 x_i^2 + \beta_3 x_i^3 + \gamma_3 (x_i - \xi_1)_+^3 \quad . \end{aligned}$$

A.4 Natürliche kubische Splinemodelle

Es wird gezeigt, wie sich die direkte Darstellung eines natürlichen kubischen Splinemodells

$$\begin{aligned} S(x)_{\text{NKS}} &= \beta_0 + \beta_1 x \\ &+ \sum_{j=1}^{k-2} \gamma_j \left((x-\xi_j)_+^3 - \frac{(\xi_k - \xi_j)}{(\xi_k - \xi_{k-1})}(x-\xi_{k-1})_+^3 + \frac{(\xi_{k-1} - \xi_j)}{(\xi_k - \xi_{k-1})}(x-\xi_k)_+^3 \right) \end{aligned} \quad \text{(A.4)}$$

ergibt. Ausgangspunkt ist eine polynomiale Splinefunktion dritten Grades mit k Knoten, welche durch

$$S(x) = \sum_{i=0}^{3} \beta_i x^i + \sum_{j=1}^{k} \gamma_j (x-\xi_j)_+^3 \quad . \quad \text{(A.5)}$$

darstellbar ist. Soll die Funktion im ersten und letzten Segment linear verlaufen, müssen die vier Nebenbedingungen

$$\beta_2 = \beta_3 = 0 \quad , \quad \text{(A.6)}$$

$$\sum_{j=1}^{k} \gamma_j = 0 \quad , \quad \text{(A.7)}$$

$$\sum_{j=1}^{k} \gamma_j \xi_j = 0 \quad , \quad \text{(A.8)}$$

erfüllt sein. Um diese Nebenbedingunen direkt in der Funktion (A.5) zu berücksichtigen, müssen die Koeffizienten der letzten beiden abgeschnittenen Potenzen durch die umgeformten Nebenbedingungen ersetzt werden. Zunächst werden die beiden Koeffizienten unter Verwendung der Nebenbedingung (A.7) als Linearkombinationen der anderen Koeffizienten ausgedrückt:

$$\begin{aligned} & 0 = \gamma_1 + \gamma_2 + \cdots + \gamma_k \\ \Leftrightarrow \quad & \gamma_k = -\gamma_1 - \gamma_2 - \cdots - \gamma_{k-1} & \text{(A.9)} \\ \Leftrightarrow \quad & \gamma_{k-1} = -\gamma_1 - \cdots - \gamma_{k-2} - \gamma_k \quad . & \text{(A.10)} \end{aligned}$$

Einsetzen von (A.9) in (A.8) liefert

$$\begin{aligned} & 0 = \gamma_1 \xi_1 + \cdots + \gamma_k \xi_k \\ \Leftrightarrow \quad & 0 = \gamma_1 \xi_1 + \cdots + \gamma_{k-1} \xi_{k-1} + (-\gamma_1 - \cdots - \gamma_{k-1})\, \xi_k \end{aligned}$$

$$
\begin{aligned}
\Leftrightarrow \quad & 0 = \gamma_1 (\xi_1 - \xi_k) + \dots + \gamma_{k-1} (\xi_{k-1} - \xi_k) \\
\Leftrightarrow \quad & \gamma_{k-1} = \frac{-\gamma_1 (\xi_1 - \xi_k) - \dots - \gamma_{k-2} (\xi_{k-2} - \xi_k)}{(\xi_{k-1} - \xi_k)} \\
\Leftrightarrow \quad & \gamma_{k-1} = \frac{-\gamma_1 (\xi_k - \xi_1) - \dots - \gamma_{k-2} (\xi_k - \xi_{k-2})}{(\xi_k - \xi_{k-1})} \\
\Leftrightarrow \quad & \gamma_{k-1} = -\gamma_1 \frac{(\xi_k - \xi_1)}{(\xi_k - \xi_{k-1})} - \dots - \gamma_{k-2} \frac{(\xi_k - \xi_{k-2})}{(\xi_k - \xi_{k-1})} \quad . \qquad \text{(A.11)}
\end{aligned}
$$

Einsetzen von (A.10) in (A.8) liefert

$$
\begin{aligned}
& 0 = \gamma_1 \xi_1 + \dots + \gamma_{k-2} \xi_{k-2} + \gamma_{k-1} \xi_{k-1} + \gamma_k \xi_k \\
\Leftrightarrow \quad & 0 = \gamma_1 \xi_1 + \dots + \gamma_{k-2} \xi_{k-2} + (-\gamma_1 - \dots - \gamma_{k-2} - \gamma_k) \, \xi_{k-1} + \gamma_k \xi_k \\
\Leftrightarrow \quad & 0 = \gamma_1 (\xi_1 - \xi_{k-1}) + \dots + \gamma_{k-2} (\xi_{k-2} - \xi_{k-1}) + \gamma_k (\xi_k - \xi_{k-1}) \\
\Leftrightarrow \quad & \gamma_k = \frac{-\gamma_1 (\xi_1 - \xi_{k-1}) - \dots - \gamma_{k-2} (\xi_{k-2} - \xi_{k-1})}{(\xi_k - \xi_{k-1})} \\
\Leftrightarrow \quad & \gamma_k = \frac{\gamma_1 (\xi_{k-1} - \xi_1) + \dots + \gamma_{k-2} (\xi_{k-1} - \xi_{k-2})}{(\xi_k - \xi_{k-1})} \\
\Leftrightarrow \quad & \gamma_k = \gamma_1 \frac{(\xi_{k-1} - \xi_1)}{(\xi_k - \xi_{k-1})} + \dots + \gamma_{k-2} \frac{(\xi_{k-1} - \xi_{k-2})}{(\xi_k - \xi_{k-1})} \quad . \qquad \text{(A.12)}
\end{aligned}
$$

Die endgültige Darstellung (A.4) wird erhalten, indem unter Berücksichtigung der Nebenbedingungen (A.6) die umgeformten Koeffizienten (A.11) und (A.12) in die Ausgangsfunktion (A.5) eingesetzt und anschließend die Terme zusammengefasst werden:

$$
\begin{aligned}
S(x)_{\text{NKS}} = \; & \beta_0 + \beta_1 x + \gamma_1 (x - \xi_1)_+^3 + \dots + \gamma_{k-2} (x - \xi_{k-2})_+^3 \\
& + \left(-\gamma_1 \frac{(\xi_k - \xi_1)}{(\xi_k - \xi_{k-1})} - \dots - \gamma_{k-2} \frac{(\xi_k - \xi_{k-2})}{(\xi_k - \xi_{k-1})} \right) (x - \xi_{k-1})_+^3 \\
& + \left(\gamma_1 \frac{(\xi_{k-1} - \xi_1)}{(\xi_k - \xi_{k-1})} + \dots + \gamma_{k-2} \frac{(\xi_{k-1} - \xi_{k-2})}{(\xi_k - \xi_{k-1})} \right) (x - \xi_k)_+^3 \\
= \; & \beta_0 + \beta_1 x \\
& + \gamma_1 \left((x - \xi_1)_+^3 - \frac{(\xi_k - \xi_1)}{(\xi_k - \xi_{k-1})} (x - \xi_{k-1})_+^3 + \frac{(\xi_{k-1} - \xi_1)}{(\xi_k - \xi_{k-1})} (x - \xi_k)_+^3 \right) \\
& + \dots \\
& + \gamma_{k-2} \left((x - \xi_{k-2})_+^3 - \frac{(\xi_k - \xi_{k-2})}{(\xi_k - \xi_{k-1})} (x - \xi_{k-1})_+^3 + \frac{(\xi_{k-1} - \xi_{k-2})}{(\xi_k - \xi_{k-1})} (x - \xi_k)_+^3 \right) \\
= \; & \beta_0 + \beta_1 x \\
& + \sum_{j=1}^{k-2} \gamma_j \left((x - \xi_j)_+^3 - \frac{(\xi_k - \xi_j)}{(\xi_k - \xi_{k-1})} (x - \xi_{k-1})_+^3 + \frac{(\xi_{k-1} - \xi_j)}{(\xi_k - \xi_{k-1})} (x - \xi_k)_+^3 \right) \quad .
\end{aligned}
$$

B Tabellen

Art.ant.	0%	10%	20%	30%	40%	50%	60%	70%	80%	90%
+1%	18,69	57,61	72,69	81,89	88,15	92,53	95,61	97,70	99,03	99,77
+2%	26,81	59,57	73,80	82,62	88,66	92,89	95,86	97,86	99,13	99,81
+3%	32,81	61,40	74,85	83,33	89,15	93,24	96,10	98,02	99,22	99,85
+4%	37,55	63,12	75,87	84,00	89,63	93,58	96,33	98,17	99,31	99,89
+5%	41,54	64,72	76,84	84,66	90,09	93,90	96,55	98,31	99,39	99,92
+6%	45,00	66,24	77,77	85,30	90,53	94,21	96,76	98,45	99,47	99,94
+7%	48,02	67,66	78,66	85,91	90,96	94,51	96,97	98,58	99,54	99,97
+8%	50,75	69,02	79,52	86,50	91,38	94,80	97,16	98,70	99,60	99,98
+9%	53,23	70,31	80,34	87,07	91,77	95,08	97,35	98,82	99,66	99,99
+10%	55,50	71,53	81,13	87,62	92,16	95,35	97,53	98,93	99,72	100,00

Tabelle B.1: ABC-Analyse Umsatz

Die Tabellen B.2 bis B.4 enthalten die Statistiken, welche den Box-Plots in Kapitel 6 zugrunde liegen. Die Spalten enthalten von links nach rechts das untere Schnurrhaar (wh.u), das erste Quartil (quart.1), die untere Grenze des Konfidenzintervalls des Medians (ki.med.u), den Median (med), die obere Grenze des Konfidenzintervalls des Medians (ki.med.o), das dritte Quartil (quart.3), das obere Schnurrhaar (wh.o) und den Anteil der Ausreißer (ant.aus) für jedes betrachtete Verfahren.

	wh.u	quart.1	ki.med.u	med	ki.med.o	quart.3	wh.o	ant.aus
naiv	13,8	39,8	52,0	53,0	54,1	71,1	118,0	6,4
naiv.ar	14,7	37,5	48,4	49,5	50,5	68,5	114,0	6,6
Lin	13,8	38,1	49,9	51,0	52,2	72,8	124,0	7,6
Lin.ar	12,2	36,1	46,6	47,6	48,6	66,7	111,8	6,3
Kub	14,5	40,0	52,6	53,7	54,8	73,7	123,8	7,0
Kub.ar	14,3	38,9	50,4	51,4	52,4	70,0	116,6	6,7
P-Sp	17,5	45,4	59,3	60,6	61,8	82,8	138,9	6,1
P-Sp.ar	17,0	45,4	59,2	60,4	61,7	82,7	136,8	6,5
KSp.eq	19,3	50,3	65,0	66,3	67,6	89,5	147,8	6,8
KSp.eq.ar	19,2	50,4	65,0	66,3	67,6	89,0	146,7	6,7
KSp.bp	15,0	42,7	55,5	56,8	58,0	79,7	135,1	6,9
KSp.bp.ar	15,1	42,4	54,5	55,7	56,8	78,0	131,1	6,5
NKS.eq	13,8	39,5	52,0	53,1	54,3	74,8	126,8	6,6
NKS.eq.ar	12,7	38,6	49,5	50,6	51,6	70,2	117,0	6,6
NKS.bp	12,7	38,3	50,4	51,6	52,7	72,9	124,7	6,5
NKS.bp.ar	12,4	36,9	47,8	48,8	49,8	67,6	112,7	6,1
PerSp	13,4	37,2	48,5	49,6	50,7	70,4	120,1	6,6
PerSp.ar	11,8	36,6	47,1	48,1	49,1	67,3	112,1	6,6

Tabelle B.2: Box-Plot-Statistiken, Prognosehorizont $h = 1$

	wh.u	quart.1	ki.med.u	med	ki.med.o	quart.3	wh.o	ant.aus
naiv	13,0	43,0	55,8	57,0	58,3	80,1	135,6	6,1
naiv.ar	12,9	44,7	57,7	58,9	60,2	82,5	138,8	6,1
Lin	14,0	38,8	50,7	51,9	53,1	75,6	130,5	7,4
Lin.d	13,9	38,8	50,6	51,8	53,0	75,3	129,0	7,5
Lin.ar	14,0	38,2	49,4	50,6	51,8	72,8	124,5	6,3
Lin.d.ar	14,0	38,2	49,3	50,5	51,6	72,6	124,3	6,3
Kub	16,4	44,2	58,5	59,8	61,1	83,1	141,6	7,0
Kub.d	16,0	43,2	57,1	58,4	59,6	81,8	138,7	6,9
Kub.ar	16,9	43,3	56,8	58,1	59,3	81,0	137,3	6,6
Kub.d.ar	16,6	42,2	55,4	56,6	57,9	79,2	134,5	6,6
P-Sp	19,7	58,8	76,0	77,8	79,5	110,6	187,6	6,6
P-Sp.d	16,6	53,6	69,4	71,0	72,6	101,0	172,1	6,4
P-Sp.ar	19,6	58,9	75,8	77,5	79,3	110,4	187,6	6,7
P-Sp.d.ar	16,7	53,6	69,6	71,1	72,7	101,3	172,7	6,4
KSp.eq	24,0	68,0	86,8	88,6	90,4	122,0	203,1	6,7
KSp.eq.d	19,3	60,5	77,4	79,0	80,7	109,9	183,7	6,4
KSp.eq.ar	24,2	68,0	87,2	89,0	90,8	122,3	202,6	6,7
KSp.eq.d.ar	19,7	60,7	77,8	79,4	81,1	110,3	184,6	6,3
KSp.bp	17,0	49,3	65,3	66,8	68,3	94,8	163,0	7,3
KSp.bp.d	15,9	47,3	62,2	63,7	65,1	91,0	156,3	7,0
KSp.bp.ar	16,2	48,9	64,7	66,2	67,6	93,6	160,0	7,1
KSp.bp.d.ar	15,1	47,1	61,4	62,8	64,1	88,8	150,8	7,0
NKS.eq	14,3	42,4	56,2	57,5	58,8	82,1	141,5	6,9
NKS.eq.d	14,2	42,0	55,5	56,8	58,1	81,2	140,0	7,0
NKS.eq.ar	14,4	41,8	54,9	56,2	57,4	80,1	136,5	6,4
NKS.eq.d.ar	14,2	41,5	54,2	55,5	56,8	79,3	135,2	6,5
NKS.bp	15,6	40,1	53,1	54,4	55,6	77,9	133,6	6,6
NKS.bp.d	15,5	40,0	52,9	54,1	55,4	77,5	132,6	6,6
NKS.bp.ar	15,8	39,5	51,7	52,9	54,0	74,7	127,1	6,6
NKS.bp.d.ar	15,7	39,4	51,5	52,7	53,8	74,4	126,4	6,6
PerSp	12,6	38,4	50,2	51,4	52,6	74,3	128,1	6,4
PerSp.d	12,6	38,3	50,2	51,4	52,6	74,3	127,8	6,4
PerSp.ar	12,5	38,5	49,6	50,7	51,9	73,2	124,6	6,6
PerSp.d.ar	12,5	38,4	49,6	50,7	51,9	73,1	124,7	6,6

Tabelle B.3: Box-Plot-Statistiken, Prognosehorizont $h = 2$

	wh.u	quart.1	ki.med.u	med	ki.med.o	quart.3	wh.o	ant.aus
naiv	17,8	49,0	64,8	66,4	67,9	95,8	166,0	7,1
naiv.ar	17,8	49,2	64,9	66,5	68,1	95,9	165,6	7,2
Lin	15,0	40,3	54,1	55,5	56,8	80,0	139,3	8,0
Lin.d	14,5	39,5	53,6	54,9	56,2	79,2	138,5	7,9
Lin.ar	14,8	40,9	55,4	56,8	58,1	81,7	142,7	7,8
Lin.d.ar	14,3	40,3	55,1	56,5	57,8	81,4	142,3	7,8
Kub	21,5	59,9	78,9	80,7	82,5	114,3	195,6	7,1
Kub.d	17,3	48,7	65,7	67,3	68,9	96,6	167,5	7,1
Kub.ar	21,7	60,0	79,1	80,9	82,7	114,0	194,4	7,1
Kub.d.ar	17,4	48,7	65,5	67,1	68,7	96,3	167,0	7,2
P-Sp	38,0	117,1	164,8	169,4	174,1	256,7	464,5	8,6
P-Sp.d	22,8	64,5	85,0	87,1	89,1	126,2	218,4	7,0
P-Sp.ar	38,0	117,1	164,8	169,5	174,1	256,7	464,6	8,6
P-Sp.d.ar	22,8	64,5	85,0	87,1	89,2	126,3	218,2	7,0
KSp.eq	55,7	147,6	195,4	200,3	205,3	297,0	520,3	8,3
KSp.eq.d	27,5	72,4	94,4	96,6	98,8	138,3	237,2	7,6
KSp.eq.ar	55,7	147,6	195,4	200,4	205,3	297,0	520,2	8,3
KSp.eq.d.ar	27,4	72,5	94,4	96,6	98,8	138,2	236,2	7,7
KSp.bp	27,5	78,3	104,0	106,8	109,6	162,5	288,2	8,6
KSp.bp.d	19,9	55,5	74,2	76,0	77,8	110,1	190,7	8,1
KSp.bp.ar	27,5	78,2	103,9	106,7	109,5	162,2	287,3	8,6
KSp.bp.d.ar	19,9	55,4	73,9	75,7	77,5	110,1	192,0	7,9
NKS.eq	18,1	52,0	69,3	71,1	72,8	105,4	185,2	7,2
NKS.eq.d	16,5	47,8	63,2	64,8	66,5	96,0	168,1	7,5
NKS.eq.ar	18,2	51,9	69,2	71,0	72,8	104,9	184,3	7,0
NKS.eq.d.ar	16,6	47,8	63,1	64,7	66,3	95,5	166,8	7,4
NKS.bp	14,6	44,8	61,3	62,8	64,3	89,1	155,3	8,0
NKS.bp.d	13,8	43,0	58,5	59,9	61,4	86,5	151,5	7,8
NKS.bp.ar	14,7	44,9	61,9	63,4	64,9	89,2	155,3	7,8
NKS.bp.d.ar	13,8	43,2	58,9	60,3	61,7	86,2	150,8	7,4
PerSp	17,6	40,7	53,7	55,0	56,3	79,9	137,9	7,2
PerSp.d	17,4	40,3	53,3	54,7	56,0	79,8	138,3	7,2
PerSp.ar	17,9	41,3	54,5	55,9	57,2	81,2	139,7	7,3
PerSp.d.ar	17,6	41,1	54,4	55,7	57,1	81,2	140,9	7,5

Tabelle B.4: Box-Plot-Statistiken, Prognosehorizont $h = 6$

	h=1(+)	h=1(-)	h=2(+)	h=2(-)	h=6(+)	h=6(-)
naiv	10,65	0,13	8,24	0,00	3,48	0,00
naiv.ar	15,33	0,04	5,53	0,31	3,70	0,00
Lin	29,37	10,83	29,32	4,10	35,78	0,36
Lin.d			34,18	2,85	39,75	0,09
Lin.ar	26,29	0,22	19,52	0,00	20,14	0,04
Lin.d.ar			21,97	0,00	21,52	0,04
Kub	8,60	6,42	6,11	4,37	3,43	2,18
Kub.d			7,89	1,96	5,88	0,04
Kub.ar	8,29	0,94	4,81	0,71	3,43	0,80
Kub.d.ar			5,75	0,04	4,81	0,00
P-Sp	0,98	10,70	0,22	23,89	0,13	48,35
P-Sp.d			0,58	0,98	0,85	0,04
P-Sp.ar	1,11	9,89	0,40	26,16	0,09	55,97
P-Sp.d.ar			0,67	1,78	0,89	0,04
KSp.eq	0,49	61,85	0,04	76,69	0,09	82,98
KSp.eq.d			0,22	13,19	1,07	1,16
KSp.eq.ar	0,53	60,83	0,09	81,24	0,04	83,69
KSp.eq.d.ar			0,22	28,79	0,85	1,11
KSp.bp	3,70	13,41	1,92	12,79	0,71	13,28
KSp.bp.d			2,85	4,32	2,90	0,09
KSp.bp.ar	3,34	5,66	1,43	6,11	0,85	8,51
KSp.bp.d.ar			2,76	0,27	2,85	0,00
NKS.eq	6,46	5,39	2,99	2,05	1,83	0,31
NKS.eq.d			4,32	0,80	2,76	0,00
NKS.eq.ar	5,35	0,49	2,58	0,13	1,69	0,04
NKS.eq.d.ar			4,19	0,00	2,63	0,00
NKS.bp	21,52	9,45	12,52	3,48	8,33	0,58
NKS.bp.d			19,83	1,65	14,62	0,13
NKS.bp.ar	16,04	0,18	9,71	0,13	7,58	0,09
NKS.bp.d.ar			12,12	0,04	9,49	0,00
PerSp	21,79	3,34	19,61	0,49	27,54	0,04
PerSp.d			24,15	0,49	31,82	0,00
PerSp.ar	20,14	0,22	14,44	0,09	16,98	0,00
PerSp.d.ar			18,81	0,09	21,48	0,00

Tabelle B.5: Anteile der besten und schlechtesten Verfahren

Literaturverzeichnis

Aburto, L., Weber, R. (2007): Improved supply chain management based on hybrid demand forecasts. In: Applied Soft Computing, 7 (1), S. 136-144.

Anderson, D. R., Sweeney, D. J., Williams, T. A. (2003): An Introduction to Management Science. 10th edition, Thomson/South-Western, New York u. a.

Angerer, A. (2006): The impact of automatic store replenishment on retail. Deutscher Universitäts-Verlag, Wiesbaden.

Ausschuss für Definitionen zu Handel und Distribution (2006): Katalog E, Definitionen zu Handel und Distribution, 5. Ausgabe. Institut für Handelsforschung an der Universität zu Köln, Köln.

Bai, J., Perron, P. (2003): Computation and Analysis of Multiple Structural Change Models. In: Journal of Applied Econometrics, 18, S. 1-22.

Blumer, A., Ehrenfeucht, A., Haussler, D., Warmuth, M. K. (1987): Occam's Razor. In: Information Processing Letters, 24, S. 377-380.

Box, G. E. P., Jenkins, G. M., Reinsel, G. C. (2008): Time Series Analysis: Forecasting and Control. 4th edition, Wiley & Sons, Hoboken u. a.

Brockwell, P. J., Davis, R. A. (2002): Introduction to Time Series and Forecasting. 2nd edition, Springer, New York.

Brown, R. L., Durbin, J., Evans, J. M. (1975): Techniques for Testing the Constancy of Regression Relationships over Time. In: Journal of the Royal Statistical Society B, 37, S. 149-163.

Chatfield, C. (2001): Time-Series Forecasting. Chapman & Hall/CRC, Boca Raton u. a.

Chatfield, C. (2003): The Analysis of Time Series: An Introduction. 6th edition, Chapman & Hall/CRC, Boca Raton u. a.

Chopra, S., Meindl, P. (2003): Supply Chain Management. 2nd edition, Prentice-Hall, Upper Saddle River.

Clements, M., Hendry, D. (1998): Forecasting Economic Time Series. Cambridge University Press, Cambridge u. a.

Cowpertwait, P. S. P., Metcalfe, A. V. (2009): Introductory Time Series with R, Springer, New York u. a.

Cryer, J. D., Chan, K.-S. (2008): Time Series Analysis With Applications in R. 2nd edition, Springer, New York.

de Boor, C. (2001): A Practical Guide to Splines. Revised edition, Springer, Berlin u. a.

De Gooijer, J. G., Hyndman, R. J. (2005): 25 Years of IIF Time Series Forecasting: A Selective Review. Tinbergen Institute Discussion Papers Nr. TI 05-068/4.

DeLurgio, S. A. (1998): Forecasting Principles and Applications. McGraw-Hill, Boston u. a.

Draper, N. R., Smith, H. (1998): Applied regression analysis. 3rd edition, Wiley & Sons, New York.

Durbin, J., Koopman, S. J. (2001): Time Series Analysis by State Space Methods. Oxford University Press, Oxford u. a.

Durrleman, S., Simon, R. (1989): Flexible Regression Models with Cubic Splines. In: Statistics in Medicine, 8, S. 551-561.

Eisenhauer, J. G. (2008): Degrees of Freedom. In: Teaching Statistics, 30 (3), S. 75–78.

Encyclopædia Britannica (2010): Stichwort *Ockham's razor*. http://www.britannica.com/EBchecked/topic/424706/Ockhams-razor, abgerufen am 04.06.2010.

Enders, W. (1995): Applied Econometric Time Series. Wiley & Sons, Hoboken u. a.

Everitt, B. S. (2006): The Cambridge Dictionary of Statistics. 3rd edition, Cambridge University Press, Cambridge.

Fahrmeir, L., Kneib, T., Lang, S. (2007): Regression - Modelle, Methoden und Anwendungen. Springer, Berlin u. a.

Fan, J., Yao, Q. (2003): Nonlinear Time Series: Nonparametric and Parametric Methods. Springer, New York u. a.

Faraway, J. (2004): Linear models with R. Chapman & Hall/CRC, Boca Raton.

Faraway, J., Chatfield, C. (1998): Time series forecasting with neural networks: a comparative study using the airline data. In: Journal of the Royal Statistic Society C: Applied Statistics, 47 (2), S. 231-250.

Gather, U., Fried, R., Lanius, V. (2006): Robust Detail-Preserving Signal Extraction. In: Schelter, B., Winterhalder, M., Timmer, J. (Hrsg.): Handbook of Time Series Analysis. Wiley-VCH, Weinheim, S. 143-169.

Gentle, J. E. (2007): Matrix Algebra: Theory, Computations, and Applications in Statistics. Springer, New York u. a.

Gómez, V. Maravall, A. (2001): Automatic Modeling Methods for Univariate Series. In: Peña, D., Tiao, G. C. und Tsay, R. S. (Hrsg.): A Course in Time Series Analysis. Wiley & Sons, New York, S. 171-201.

Gradojevic, N., Yang, J. (2006): Non-linear, Non-parametric, Nonfundamental Exchange Rate Forecasting. In: Journal of Forecasting, 25, S. 227–245.

Greene, W. H. (2003): Econometric Analysis. 5. Auflage, Prentice Hall, Upper Saddle River.

Ghysels, E., Osborn, D. R. (2001): The Econometric Analysis of Seasonal Time Series. Cambridge University Press, Cambridge u. a.

Häder, M. (2002): Delphi-Befragungen. VS Verlag für Sozialwissenschaften, Wiesbaden.

Hämmerlin, G., Hoffmann, K.-H. (1991): Numerische Mathematik. 2. Auflage, Springer, Berlin u. a.

Hamilton, J. D. (1994): Time Series Analysis. Princeton University Press, Princeton u. a.

Hansen, B. (2001): The New Econometrics of Structural Change: Dating Changes in U.S. Labor Productivity. In: Journal of Economic Perspectives, 15, S. 117-128.

Harvey, C. A. (1990): Forecasting, Structural Time Series Models and the Kalman Filter. Cambridge University Press, Cambridge u. a.

Hastie, T. J., Tibshirani, R. J., Friedman, J. H. (2009): Elements of Statistical Learning. 2nd edition, Springer, New York u. a.

Hawkins, D. M. (2004): The Problem of Overfitting. In: Journal of Chemical Information and Computer Sciences, 44, S. 1-12.

Helm, M. (2005): Die Verbindung von Absatzplanung und Prognoserechnung - ein Beispiel aus der Praxis. In: Mertens, P., Rässler, S. (Hrsg.): Prognoserechnung. 6. überarbeitete und erweiterte Auflage, Physica, Heidelberg, S. 419-430.

Herwartz, H. (2006): Econometric Analysis of High Frequency Data. In: Hübler, O., Frohn, J. (Hrsg.): Modern Econometric Analysis - Surveys on Recent Developments. Springer, Berlin u. a, S. 87-102.

Hoerl, A. E., Kennard, R. (1970): Ridge regression: Biased estimation for nonorthogonal problems. In: Technometrics, 12, S. 55-67.

Hyndman, R. J., Khandakar, Y. (2008): Automatic time series forecasting: The forecast package for R. In: Journal of Statistical Software, 26 (3).

Hyndman, R. J., Koehler, A., Ord, J. K., Snyder, R. D. (2008): Forecasting with Exponential Smoothing: The State Space Approach. Springer, Berlin u. a.

Keele, L. (2008): Semiparametric regression for the social sciences. Wiley & Sons, Hoboken u. a.

Kirchgässner, G., Wolters, J. (2007): Introduction to modern time series analysis. Springer, Berlin u. a.

Konishi, S., Kitagawa, G. (2007): Information Criteria and Statistical Modeling. Springer, New York.

Krivobokova, T., Kauermann, G. (2007): A note on penalized spline smoothing with correlated errors. In: Journal of the American Statistical Association, 102, S. 1328–1337.

Kuan, C.-M., Hornik, K. (1995): The Generalized Fluctuation Test: A Unifying View. In: Econometric Reviews, 14, S. 135-161.

Küsters, U., Becker, C. (2005): Monitoring von Prognosemodellen. In: Mertens, P., Rässler, S. (Hrsg.): Prognoserechnung. 6. überarbeitete und erweiterte Auflage, Physica, Heidelberg, S. 335-365.

Leung, D. H.-Y. (2005): Cross-Validation in Nonparametric Regression with Outliers. In: The Annals of Statistics 33 (5), S. 2291-2310.

Levy, M., Weitz, B. A. (2008): Retailing Management. 7th edition, McGraw-Hill/Irwin, New York.

Lütkepohl, H. (2005): New Introduction to Multiple Time Series Analysis. Springer, Berlin u. a.

Makridakis, S., Hibon, M. (2000): The M3-Competition: results, conclusions and implications. In: International Journal of Forecasting, 16, S. 451–476.

Makridakis, S., Wheelwright, S. C., Hyndman, R. J. (1998): Forecasting: methods and applications. 3rd edition, Wiley & Sons, Hoboken u. a.

Maronna, R. A., Martin, D. R., Yohai, V. J. (2006): Robust Statistics: Theory and Methods. Wiley, New York u.a.

McCarthy, T. M., Davis, D. F., Golicic, S. L., Mentzer, J. T. (2006): The Evolution of Sales Forecasting Management: A 20-Year Longitudinal Study of Forecasting Practices. In: Journal of Forecasting, 25, S. 303–324.

McGill, R., Tukey, J. W., Larsen, W. A. (1978): Variations of box plots. In: The American Statistician, 32, S. 12–16.

Mélard, G. , Pasteels, J.-M. (2000): Automatic ARIMA modeling including interventions, using time series expert software. In: International Journal of Forecasting, 16 (4), S. 497-508.

Nahmias, S. (2001): Production and Operations Analysis. 4th edition, McGraw-Hill/Irwin, New York.

Novack, A. (2005): Prognose bei unregelmaßigem Bedarf. In: Mertens, P., Rässler, S. (Hrsg.): Prognoserechnung. 6. überarbeitete und erweiterte Auflage, Physica, Heidelberg, S. 61-72.

Opsomer, J., Wang, Y., and Yang, Y. (2001): Nonparametric regression with correlated errors. Statistical Science, 16, S. 134–153.

Peña, D. (2001): Outliers, Influential Observations and Missing Data. In: Peña, D., Tiao, G. C. und Tsay, R. S. (Hrsg.): A Course in Time Series Analysis. Wiley & Sons, New York, S. 136-170.

Poirier, D. J. (1976): The Econometrics of Structural Change, With Special Emphasis on Spline Functions. North-Holland, Amsterdam u. a.

R Development Core Team (2008): R: A language and environment for statistical computing. R Foundation for Statistical Computing, Vienna, Austria. http://www.R-project.org

Ruppert, R., Wand, M. P., Carroll, R. J. (2003): Semiparametric Regression. Cambridge University Press, Cambridge u. a.

Ruppert, R., Wand, M. P., Carroll, R. J. (2009): Semiparametric regression during 2003-2007. In: Electronic Journal of Statistics, 3, S. 1193–1256.

Schimek, M. G. (2003): Semiparametric regression smoothing and feature detection in time series. http://www.galaxy.gmu.edu/interface/I03/I2003Proceedings/SchimekMichael/SchimekMichael.paper.pdf, abgerufen am 20.02.2010.

Schlittgen, R., Streitberg, B. H. J. (1999): Zeitreihenanalyse. 8. Auflage, Oldenbourg, München u. a.

Schneider, C. (2002): Kostenoptimale Prognose von Lasten in der Energiewirtschaft. Josef Eul, Lohmar, Köln.

Schoenberg, I. J. (1946): Contributions to the problem of approximation of equidistant data by analytic functions, Part A: On the problem of smoothing or graduation, a first class of analytic approximation formulas. In: Quart. Appl. Math. 4, S. 45-99.

Schumaker, L. L. (1981): Spline Functions: Basic Theory. Wiley, New York.

Seifert, D. (2006): Efficient Consumer Response: Supply Chain Management (SCM), Category Management (CM) und Radiofrequenz-Identifikation (RFID) als neue Strategieansätze. 4. Auflage, Hampp, Mering.

Smith, P. L. (1979): Splines as a Useful and Convenient Statistical Tool. In: The American Statistician, 33, S. 57-62.

Thiel, K. (2002): Prognoseverfahren für betriebswirtschaftliche Massendaten: Theorie und empirische Beispiele aus der Waren- und Elektrizitätswirtschaft. Josef Eul, Lohmar, Köln.

Toutenburg, H., Heumann, C. (2008): Deskriptive Statistik. 6. Auflage, Springer, Berlin u. a.

Tsay, R. S. (1988): Outliers, Level Shifts, and Variance Changes in Time Series. In: Journal of Forecasting, 7, S. 1-20.

Tsay, R. S. (2000): Time Series and Forecasting: Brief History and Future Research. In: Journal of the American Statistical Association, 95, S. 638-643.

Tukey, J. W. (1977): Exploratory Data Analysis. Addison-Wesley, Reading u. a.

Velleman, P. F., Hoaglin, D. C. (1981): Applications, Basics, and Computing of Exploratory Data Analysis. Duxbury Press, Boston.

Venables, W. N., Ripley, B. D. (2002): Modern Applied Statistics with S. 4th edition, Springer, New York.

Voluntary Interindustry Commerce Standards (2004): CPFR: An Overview. http://www.vics.org/docs/committees/cpfr/CPFR_Overview_US-A4.pdf, abgerufen am 25.06.2010.

Voluntary Interindustry Commerce Standards (2008): Collaborative Planning, Forecasting & Replenishment (CPFR®). http://www.vics.org/docs/committees/CPFR_Whitepaper_Spring_2008-VICS.pdf, abgerufen am 25.06.2010.

von Auer, L. (2007): Ökonometrie: Eine Einführung. 4. Auflage, Springer, Berlin u. a.

Wand, M. P. (2000): A Comparsion of Regression Spline Smoothing Procedures. In: Computational Statistics, 15, S. 443-462.

Wegman, E. J., Wright, I. W. (1983): Splines in Statistics. In: Journal of the American Statistical Association, 78 (382), S. 351-365.

Weiß, C. (2009): Categorical Time Series Analysis and Applications in Statistical Quality Control. dissertation.de–Verlag, Berlin.

West, M., Harrison, J. (1997): Bayesian Forecasting and Dynamic Models. 2nd Edition, Springer, New York u. a.

Wold, S. (1974): Spline Functions in Data Analysis. In: Technometrics, 16, S. 1-11.

Wolters, J., Hassler, U. (2006): Unit Root Testing. In: Hübler, O., Frohn, J.: Modern Econometric Analysis - Surveys on Recent Developments. Springer, Berlin u. a.

Zeileis, A., Kleiber, C., Krämer, W., Hornik, K. (2003): Testing and dating of structural changes in practice. In: Computational Statistics & Data Analysis Volume, 44 (1-2), S. 109-123.